Jesus Galindez Aguero
Galbis Galindez
Matilde Malave

Quantum in: Cérebro -Teleportação de Bactérias

Jesus Galindez Aguero
Galbis Galindez
Matilde Malave

Quantum in: Cérebro - Teleportação de Bactérias

Quantum Computer-Neuronal System-Art -v Virus

ScienciaScripts

Imprint

Any brand names and product names mentioned in this book are subject to trademark, brand or patent protection and are trademarks or registered trademarks of their respective holders. The use of brand names, product names, common names, trade names, product descriptions etc. even without a particular marking in this work is in no way to be construed to mean that such names may be regarded as unrestricted in respect of trademark and brand protection legislation and could thus be used by anyone.

Cover image: www.ingimage.com

This book is a translation from the original published under ISBN 978-620-3-88768-6.

Publisher:
Sciencia Scripts
is a trademark of
Dodo Books Indian Ocean Ltd., member of the OmniScriptum S.R.L Publishing group
str. A.Russo 15, of. 61, Chisinau-2068, Republic of Moldova Europe
Printed at: see last page
ISBN: 978-620-5-02904-6

Quantum in: O Cérebro -Teleportação de Bactérias.

O computador Quantum e o Sistema Neural - Arte - Vírus.

J. Galindez A.- Galbis Galindez.

Enviado para publicação

Março 2022

CO-AUTORES e **CONTRIBUIDORES**

Matilde Malavé... Terapeuta de Massagem

Argenis Prieto ... Físico

Héctor Romero... Físico

Maryeni Sosa... Supervisora Nacional de Educação

Daniela Galindez.... Biólogo.

Honorio Azuaje ... Engenheiro Civil

Juan Galindez... Especialista médico.

Briggite Martin... M.Sc. Specialist...

Ricardo Arbeláez.... Sociologista-UDO .

Naudys Galindez... Sociologista- UDO.

Jean F. Sanromán... Humanista-Escritor.

Graças a:

Vice-Reitoria Académica da Universidade dos Andes. P Rosengwein.

IRSAMC Toulouse: Jean Pierre Daudey, Director.

Instituto Venezuelano de Investigação Científica. Eloy Sira G. Director.

Gabinete do Presidente da Câmara Municipal Santos Marquina-Mérida Venezuela.

Honorio Pérez -Marnoldo León Pérez

Alexis Ganaim - Prof. Ali C. Reyes S.

Dedicação a:

Quem quer que lhe possa ser útil.

Laure Lagarde Zulay Serna Oscar Serna.

Nicolas Baliner Daniela Baliner

Jean et Mimi, Baruteao

Os meus netos; Manuel-Amada- Leo-Isabella- Matteo -Yoimer

ÍNDICE

Sobre o Autor

O autor tem uma formação tradicional em física e tem sido investigador e professor na área. Tem também escrito e publicado artigos em revistas profissionais internacionais reconhecidas.

Aqui ele dá uma visão do que a física quântica moderna pode fazer para expandir o conhecimento científico sobre o micro mundo da mente e do corpo. Neste artigo ele revê os conceitos de neurociência a partir dos princípios de dinâmica quântica aplicados à mente e ao corpo humanos.

O Dr. DEEPAK Chopra apresenta-nos a interconectividade da meditação mente-corpo e as implicações para a saúde.

Neste artigo, o Dr. J. Galindez A., revê a aplicação da Teoria Quântica à anatomia humana, função cerebral e psicologia, mostrando-nos um vislumbre excitante de um futuro cheio de possibilidades para novas estratégias na saúde e na doença.

Foi Director-Chefe do Departamento de Física-Matemática e Informática do NURR-ULA-Venezuela.

Recentemente um dos seus livros, sobre Física Quântica e Neurociência, foi seleccionado por vários websites e editoras como um dos 40 livros mais recomendados a nível mundial para 2020.

Argenis R. Prieto

Tendo em conta a complexidade do funcionamento do cérebro, o estudo da velocidade de produção do pensamento e tendo em conta que problemas científicos complexos foram resolvidos através de cálculos matemáticos ou simulações computacionais, e também sabendo que existe uma semelhança consistente entre as redes neurais artificiais com o cérebro que é formado por espaços temporais microscópicos descritos por redes neurais tecidas por conexões sinápticas de centenas de milhões de neurónios e cuja interpretação matemática só pode ser feita a uma escala quântica; então explicamos porque é que a simulação da rede neural cerebral podia ser obtida através das Redes NeuroQuantum utilizando o computador quântico.

Discutiremos as controvérsias entre algoritmos de computação clássica e quântica; uma possível simulação do cérebro por um computador quântico cujos algoritmos devem obedecer ao carácter não determinístico da matemática e aos princípios da física quântica. Detalhamos de uma forma simples como os princípios quânticos são aplicados em Neurociência e Computação.

Citamos exemplos de Teleportação Quântica de Bactérias e Vírus e breves notas sobre quantum na concepção e construção de dispositivos Biomédicos e de Teleportação. Reflectimos sobre a importância da proporção de ouro em tópicos como o ADN.

CAPÍTULO 1: Quantum e Neurociência na Introdução ao Ser Humano Heurística da Neurociência

Não utilizaremos detalhes matemáticos ou análises de experiências, uma vez que o nosso interesse é mostrar que a física quântica pode dar explicações sobre o funcionamento do nosso cérebro, da teleportação de bactérias e vírus. E a sua relação com diferentes áreas de conhecimento.

Desde a criação da neuropsicologia Lasley e Hebb, cujas teorias inspiraram uma série de estudos na psicologia da aprendizagem, baseados em várias teorias entre as quais temos Eccles, J. (1953-1967), Konorski (1948-1967), Fessard (1954-1961), "Reflexo Condicionado e Organização Neural" e "Actividade Cerebral Integrativa" que o levou a apresentar novos e valiosos dados sobre a sua teoria de aprendizagem, houve uma continuidade de estudo constante ou constante que levou a esclarecer e encontrar equações que descrevem o comportamento do sistema neural, a tal ponto que foram estabelecidos métodos matemáticos ou equações matemáticas e redes neurais artificiais para estudos que vão desde o córtex cerebral até às ligações e interacções, respectivamente, com o sistema nervoso central e periférico e o sistema neuroendócrino.

É bem conhecido que Hebb no seu trabalho "The Organization of Behavior" tentou integrar um grande número de análises de psico-neurologia que vão desde a aprendizagem até ao tratamento de doenças mentais. A parte central da teoria é a compreensão do pensamento em termos neurológicos por meio de conceitos de conjunto celular e de sequência de fases.

O estudo do sistema neuroendócrino tem servido como uma grande base e suporte para o desenvolvimento de grandes teorias em modelos de ensino, tais como a teoria de Piaget quando ele faz uso do sistema neural para analisar a sua grande teoria cognitiva e a teoria da zona de desenvolvimento proximal de L. Vygotsky. Na discussão das diferentes posições do construtivismo, é feita referência ao sistema nervoso, a fim de comparar a diversidade de visões no estudo do desenvolvimento do sistema motor, Von Ferster refere-se ao carácter auto-generativo do impulso.

Actualmente, existem várias teorias estabelecidas no estudo do sistema cérebro-neuronal e da consciência através da física quântica, três das quais tiveram grande aplicação na investigação acima referida, ou seja, nas manifestações quânticas das interacções ou sinais nervosos.

Assim, nos primeiros tempos da investigação sobre este tópico, o neurologista galardoado com o Prémio Nobel John Eccles apresentou a sua teoria sobre o quantum e o cérebro com uma marcada conotação dualista dada a sua inclinação filosófica que levou outros pensadores a apresentar as suas próprias teorias de tal forma que o Prémio Nobel Roger Penrose formula a sua própria teoria quântica sobre o cérebro, que atrai conceitos sobre a consciência mas dá-lhe uma conotação muito computacional e o físico Damna Zohar que formula uma terceira teoria do ponto de vista da teoria física da condensação de Bose-Einstein, empurrando uma linha ou direcção muito ^^^ física, deixando a questão biológica em segundo plano. Isto poderia permitir-nos analisar todos os tipos de interacção ou mudanças de energias onde partículas subatómicas estão envolvidas e com isto poderíamos aumentar o estímulo para apresentar a física moderna, ideias quânticas, em toda a sua vasta gama de aplicação para tentar melhorar ou tentar promover futuras mudanças no modelo de ensino tão importante em todas as nossas áreas de estudo sem dar grande ênfase a nenhuma das teorias mencionadas, uma vez que bastaria apenas mostrar coincidências notáveis na abordagem e análise. Mas no que se segue seria interessante delinear pontos de vista com base nas bases teóricas existentes e demonstradas através da história científica e tecnológica do ensino e investigação académica; para isso é interessante tomar como padrão a teoria quântica e algumas das suas relações com o sistema neuronal que temos comummente denotado como manifestações quânticas no sistema cerebral-nervoso. Esta seria uma réplica física das estruturas energéticas subtis que formam os nossos corpos energéticos, formados, entre outros componentes, pelas glândulas endócrinas que produzem as substâncias químicas altamente especializadas, chamadas hormonas, e que são libertadas na química corporal em momentos precisos e por razões específicas; como explicado nos textos da Fisiologia.

Sabemos que as hormonas têm funções chave, incluindo a abertura de áreas dentro do cérebro que podem desencadear novas capacidades mentais e novos estados de consciência para o nosso crescimento espiritual. É por isso que precisamos de um equilíbrio hormonal e este equilíbrio vem de uma correlação harmónica da energia Neuroquântica entre as células que provém do equilíbrio que deve existir entre as partículas subatómicas ou partículas quânticas que compõem as células.

Toda a produção hormonal, desde a sua motivação primária até à sua chegada ao fluido ou sangue, é realizada por interacções de microrganismos que compõem a nossa matéria, estas interacções exigem conversões de energia a nível subatómico, ou seja, com potenciais quânticos ou trocas de energia nos sistemas nervoso e neuromuscular. Quando analisamos as relações entre as glândulas endócrinas e o sistema nervoso, tanto central como externo, estamos a referir-nos ao cérebro e ao sistema neuroendócrino como um todo. São chamadas ou são conhecidas como Glândulas Neuroendócrinas devido à sua estreita relação funcional com o sistema nervoso e são controladas ou são controladas, em grande medida pelo hipotálamo, através ou através do sistema nervoso em geral, onde as correntes sinápticas iónicas de carácter quântico actuam.

Acreditamos que a melhor maneira de interpretar esta teoria como um todo unificado é **não ignorar** as ideias de que o cérebro está unificado de pelo menos dois, que são o cérebro biológico e o cérebro electromagnético, e referir ou considerar a mente humana como a memorização de acontecimentos de uma forma consciente e definir o pensamento aceitando-o como a apreensão e manipulação estruturada dos factos.

A interessante consolidação da neurociência até agora com tratamentos matemáticos clássicos vem de uma aplicação matemática feita pelos fisiologistas A. Hodgkin e A. Huxley que os levou a conceber um modelo para alargar o estudo da dinâmica do potencial de membrana de um neurónio em termos das correntes sinápticas iónicas.

Mais genericamente, as leis apropriadas e certos princípios de físico-química e hidrodinâmica foram aplicados ao estudo dos sistemas circulatórios de pressão, fluxo sanguíneo, bomba e tensão muscular, trabalho cardíaco e outros, mas no entanto, aqui referir-nos-emos apenas a alguns conceitos fundamentais da Neurociência, passando por uma revisão ligeira dos elementos básicos ou elementares que consideramos que qualquer professor em geral pode necessitar de complementar o seu nível de ensino quando ensina em qualquer área ou disciplina.

A fim de cumprir a parte referente ao conhecimento do sistema neuronal faremos pequenas referências a certos tópicos teóricos de interesse como, por exemplo O Sistema Nervoso Central - Neuroendócrina - Glândulas Endócrinas - Células Neuronais - Impulso Nervoso - Sinapse Nervosa - Impulso Nervoso - Sinapses Nervosas - Encefalão - Hipotálamo - Medula - Medula Espinal - Estímulos - Sistema Nervoso Periférico e Sistema Simpático.

É bem conhecido que toda a informação, estímulos do ambiente e do nosso ambiente interior são capturados por células receptoras que são distribuídas por todo o nosso corpo. Estas células transformam os estímulos numa espécie de linguagem eléctrica que o organismo transmite como impulsos nervosos. As células responsáveis pela transmissão são os neurónios que transportam os impulsos nervosos para os centros nervosos onde estão integrados para formar sensações. Estas respostas, transformadas em novos impulsos nervosos, são transmitidas para os locais do corpo responsáveis pela sua execução, ou seja, outras células ou órgãos biológicos.

Qualquer sinal electromagnético ou electroquímico é precedido por um potencial de origem quântica. galindez@ula.ve

Uma vez que vamos fazer referências interessantes às glândulas endócrinas, consideramos importante abordar, de forma acessível a qualquer professor, alguns fundamentos teóricos básicos sobre elas. As glândulas são responsáveis pela produção de substâncias que se encontram no espaço sináptico sem as quais o impulso nervoso não pode ser transmitido, dando origem à doença de Parkinson e outras doenças, pois para que este impulso biofísico seja transmitido a partir do corpo neuronal (espaço) sináptico deve ultrapassar o potencial limiar que é um potencial de origem quântica; não tanto pelas suas expressões analíticas mas por ser um potencial entre partículas quânticas como componentes básicos e fundamentais das células.

As glândulas endócrinas estão relacionadas com o sistema nervoso e são de grande importância na produção de hormonas: Toda a estimulação para exigir ou requerer hormonas é comandada pelo sistema nervoso com sinais impulsionados por potenciais quânticos e os centros onde os estímulos são recebidos e integrados e as respostas têm origem estão contidos no cérebro e na medula espinal, formando assim o sistema nervoso central e uma série de nervos ou fibras que ligam os centros a receptores com órgãos efetores que também são influenciados por potenciais de ação.

Do mesmo modo, outros nervos fazem ligações entre os centros nervosos e as vísceras do corpo, formando o sistema nervoso periférico. A glândula endócrina está em constante comunicação com estes dois sistemas nervosos para receber informação através de um sinal nervoso e depois dar a resposta que seria impulsionada pelo potencial quântico, enviando a hormona solicitada ou requerida por estes órgãos ou por outra glândula ou por qualquer parte do sistema nervoso. O neurónio é a célula encarregada de gerar e transmitir informação usando o impulso nervoso através do respectivo nervo.

Sabemos que entre o interior e o exterior da célula existe uma diferença na concentração de iões positivos e negativos que definem a polarização da membrana. Assim, quando a célula não transmite um impulso a uma glândula ou a outra célula, órgão ou vísceras, é porque existe uma maior concentração de iões positivos no exterior da membrana celular, enquanto que no interior os iões negativos estão em maioria. Isto faz uma diferença potencial chamada potencial de repouso que deve ser superada pelo sinal de entrada para que a recepção e depois a transmissão de impulsos possa ocorrer.

Os impulsos nervosos são transmitidos quando algum factor altera a permeabilidade da membrana neuronal de tal forma que os iões positivos entram na célula. Se o estímulo for forte, a concentração de iões positivos dentro do neurónio aumenta de tal forma que o potencial entre o neurónio e o exterior se inverte, despolarizando a membrana e produzindo o potencial quântico chamado potencial de acção.

De neurónio para neurónio o impulso viaja, contudo estes não estão em contacto directo mas entre eles existe um espaço "não vazio" chamado espaço sináptico (é um espaço de dimensões quânticas). A transmissão deste impulso é realizada através de neurotransmissores, que são substâncias sintetizadas pelos neurónios, e o impulso vai do axónio para o dendrito do neurónio seguinte e, para que este neurotransmissor seja libertado, deve ultrapassar um potencial limiar e a quantidade destes neurotransmissores libertados é dada probabilisticamente e em pacotes ou quantum.

A soma dos impulsos inibidores e/ou excitatórios determina o que a membrana recebe para que se produza ou não um potencial de acção, o que faz com que o estímulo nervoso se propague. Existem também sistemas naturais estudados e simulados artificialmente, que descrevem estes fenómenos através das chamadas redes neuronais, cujo estudo e análise não estão fora do âmbito desta tese e serão considerados e analisados de uma forma informativa.

O sistema endócrino é um conjunto de órgãos e tecidos do organismo, que libertam substâncias chamadas hormonas, constituídas por células especializadas e glândulas endócrinas. Actuam como uma rede de comunicação que responde aos estímulos para libertar estas hormonas e é responsável por várias funções metabólicas do organismo; entre elas encontramos Controlar a intensidade das funções químicas nas células, regular o transporte de substâncias através das membranas celulares, regular o equilíbrio da homeostase do organismo, provocar o aparecimento de características sexuais secundárias e outros aspectos do metabolismo celular, tais como o crescimento e a secreção.

Em geral, o sistema endócrino consiste, entre outros órgãos e/ou componentes biológicos, nas glândulas endócrinas (que secretam os seus produtos para o sangue) e parte do sistema nervoso que funciona por sinais impulsionados ou causados por potenciais quânticos fortes mas de curto alcance durante as interacções entre células ou na própria célula, como referimos noutros escritos e seminários quando lidamos com o sistema neuronal do ponto de vista da física quântica.

Este sistema endócrino está intimamente ligado ao sistema nervoso, de tal forma que a glândula pituitária recebe estímulos do hipotálamo e a medula adrenal do sistema nervoso simpático. Este sistema é chamado Sistema Neuroendocrino. Mesmo o sistema imunitário está também ligado a este sistema neuroendócrino através de múltiplos mensageiros químicos.

Através do processo químico a que as glândulas endócrinas devem ser submetidas, as alterações biológicas podem ser afectadas por várias acções químicas devido às alterações energéticas que ocorrem quando ocorrem reacções físico-químicas e também devido aos potenciais de interacção que são também fortes potenciais quânticos de curto alcance.

Como seriam então as expressões analíticas destes potenciais, se não tivermos expressões analíticas, podemos aceitar estas teorias como verdadeiras ou aplicáveis nestes casos? A resposta é sim, porque embora cada potencial tenha um tipo de personalidade que o detalha e seja precisamente uma expressão analítica ou matemática ou uma fórmula física, estas teorias são aceitáveis; porque as reacções químicas ocorrem mesmo que não sejam descritas por estas fórmulas ou equações.

Como é que ocorre a secreção hormonal? As células respondem aos impulsos nervosos de sinais eléctricos quânticos que vêm de estímulos directos ou indirectos, isto é, por outras células, e depois enviam ou respondem com sinais para exigir ou solicitar a hormona de que necessitam, tal como os órgãos biológicos e outras glândulas exigem a hormona de que necessitam, também por ou através de sinais nervosos ou redes específicas, depois as glândulas são activadas devido à interacção que ocorre no interior da célula onde a hormona solicitada é formada e depois inteligentemente enviada para o sangue. Todos estes sinais são produzidos por potenciais de acção de curto alcance de origem quântica. Lembre-se: os impulsos são enviados entre redes nervosas sob a forma de energia quanta ou quântica. É bem conhecido que as hormonas são segregadas por certas células especializadas localizadas em glândulas de secreção interna ou glândulas endócrinas ou por células epiteliais e intersticiais. São transportados através da corrente sanguínea ou do espaço intersticial, sozinhos (biodisponíveis) ou associados a certas proteínas (que prolongam a sua meia-vida) e produzem efeito em certos órgãos ou tecidos a uma distância média do local onde foram sintetizados, na mesma célula que os sintetiza (acção autocrina) ou em células adjacentes (acção parácrina), intervindo na comunicação celular. As hormonas desempenham um papel importante na regulação do funcionamento do cérebro e do resto do corpo. O seu efeito é directamente proporcional à sua concentração, mas independentemente desta concentração, requerem uma funcionalidade adequada do receptor para exercer o seu efeito, existem efeitos estimulantes tais como: os que promovem a actividade num tecido como a prolactina, a guesina inibitória:

que diminuem a actividade num tecido. p. ex. Antagonista da Somatostatina: quando um par de hormonas tem efeitos opostos um no outro. p. ex. insulina e glucagon. Sinergético, que ocorre quando duas hormonas juntas têm um efeito mais potente do que quando estão separadas.

Sistema imunitário-Vírus-Stress-Bacteria-Energia Espiritual.

Dada a importância de um bom estado do sistema imunitário na defesa do funcionamento do corpo humano em todos os seus órgãos e especificamente no sistema nervoso como pilar básico para evitar a geração de stress, medo, caos que são causas participativas primárias de desarmonização e vice-versa causando ou provocando vibrações inarmónicas nos nossos centros energéticos, considerámos interessante apontar o que são e de que forma os conceitos quânticos se manifestam nestas causas, bem como nos seus efeitos.

O stress e o medo são produzidos quantumly devido ao efeito sobre o estado atómico quando é perturbado por radicais livres que se originam das ligações moleculares reactivas do oxigénio molecular que causam perturbações na cadeia de ADN helicoidal, uma vez que estão envolvidos no envelhecimento celular, uma vez que são reacções biológicas e bioquímicas.

Mas! ---Por que são produzidos os radicais livres? São moléculas autoproduzidas, altamente reactivas, mas necessárias para a funcionalidade do estado biológico de saúde. Originam-se diariamente, uma vez que é a forma como as células processam o oxigénio. São naturais mas o seu mau processamento leva a danos celulares. Existem tratamentos externos através de antioxidantes e com a ajuda da aplicação da Medicina Quântica e da Ciência Médica. **Referência:** Fundação científica da Cura Quântica: Matilde L. Malavé (2016); La Física Cuántica y la Salud. Z.Daniela Galindez (2012).

Uma vez que os vírus são aqueles que apenas possuem um genoma e uma camada, não têm ADN ou vida própria, e para a sua reprodução requerem células estranhas, que também podem ser bactérias nas quais podem ser estruturalmente alojadas. **A estrutura do vírus** só possui Genomas e uma cobertura tipo cúpula e não como as Bactérias que possuem Células Citoplasmáticas, Genoma Bacteriano e Ribossomas, para além da sua própria cobertura; devemos lembrar que a sua reprodução dependeria fundamentalmente de dois componentes o primeiro da estrutura geométrica e o segundo da célula onde pode ser alojada; daí que, o dano de uma mesma estrutura viral é diferente para várias entidades contaminadas e consequentemente os tratamentos são também variantes... aqui não vamos explicar os tratamentos.

Mas **o que é que a física quântica tem a ver com os vírus**? É evidente que a física quântica pode desempenhar um papel neste caso, uma vez que a estrutura de qualquer vírus pode ser estudada pelos princípios da sobreposição quântica, do emaranhado quântico e da propriedade da teleportação quântica, e isto está a ser estudado por um grupo de investigadores e físicos quânticos dos Estados Unidos, Espanha e China, *entre outros, que estão a analisar o "enquadramento" do vírus SRA-CoV-2, tais como* Saveez Saffarian - Michael Vershininin.

Quanto à geometria, vemos que o genoma proteico chamado núcleo origina a cápsula viral formada por polipéptidos montados helicoidalmente que podem ser de geometria icosaédrica e que variam desde vírus menos complexos a vírus complexos com dupla e tripla cápsula ou camada protectora adicional que foram descobertos pela ciência médica como sendo compostos de glicoproteínas lipídicas e se a estrutura é linear, circular ou icosaédrica e também depende da carga eléctrica, seja ela positiva ou negativa. A física quântica com o uso da mente pode trazer eventos como o medo através dos efeitos da circulação desarmónica e má recepção do centro energético correspondente, é verdade. Mas a cura quântica pode inverter este facto. Ver Quantum Physics and Health (2012).

--- Física quântica com o sistema imunitário? As defesas do nosso corpo são o resultado da cronicidade das nossas células e do nosso sistema neurotransmissor, pelo que se os neurónios não tiverem uma relação harmónica uns com os outros nunca poderá haver uma correlação energética harmónica nas nossas células e glândulas e sistema nervoso e quando isto acontece é porque os potenciais sinápticos quânticos e os outros potenciais de acção.

A chamada **Energia Espiritual** também faz sentido quando a definimos ou expressamos como a soma de energias que vêm de dentro, ou seja, do nosso corpo físico formado por electrões, prótons, átomos e moléculas e vão para fora numa forma intangível mas que existem no nosso corpo de luz e quando todas estas energias formam um todo não harmónico o resultado é que nos afecta com pensamentos negativos e isto contribui para uma diminuição do nosso poder imunitário. Para muitos isto pareceria ridículo ou que não está em conformidade com as leis da física quântica, mas coloca-se a questão: quem estuda a troca de energias ou as interacções entre as partículas subatómicas que compõem o corpo humano? É interessante analisar a relação entre estas energias subatómicas utilizando a teoria quântica em conjunto com a microbiologia.

Algumas Analogias **entre Quantum e Neurociência**.

Todas as interacções ou alterações de energia que ocorrem a nível subatómico ou microscópico são geralmente impulsionadas ou devido a fortes potenciais de curto alcance provenientes de forças electromagnéticas que requerem ser analisadas pelas leis da mecânica quântica, uma vez que a esta escala as leis que descrevem as interacções macroscópicas falham, ou seja, as leis da mecânica newtoniana falham. Poderíamos colocá-lo de uma forma mais habitual: falamos de física quântica quando queremos descrever as interacções ou mudanças nas energias ou fenómenos que ocorrem nesta escala subatómica porque a esta escala as leis da mecânica macroscópica ou da mecânica de corpo grande falham, ou seja, as leis da mecânica newtoniana falham. Isto exigiria a utilização do sofisticado aparelho matemático da física quântica.

As interacções que dão origem a sinapses pertencem às interacções celulares, mas existem aspectos subatómicos, uma vez que quando falamos de correntes iónicas e/ou potenciais sinápticos, estamos a falar de fenómenos quânticos.

Quanto às partículas subatómicas, quase intangíveis, com respeito a uma precisão relativa, só podem ser estudadas, analiticamente, pelas leis da física elementar das partículas ou da física do micro mundo também chamado mundo subatómico e o conjunto destas leis juntamente com os seus princípios e teoremas, com as suas equações de soluções não exactas à escala subatómica e estão dentro da teoria quântica.

Um dos aspectos em que poderíamos pensar sobre o que seria um ponto de união da física quântica com os fenómenos que ocorrem nas trocas energéticas do nosso sistema nervoso ou neuroendócrino é devido às interacções das partículas subatómicas que formam as células da nossa matéria e ao estudo do mundo energético que envolve estas partículas subatómicas quase intangíveis, quase invisíveis, é um aspecto em grande parte tecnológico. Porque é onde a electromedicina está e integrada na tecnologia que a Ciência Médica utiliza. Todo o sofisticado equipamento electromédico é construído seguindo e respeitando os princípios do rigor microscópico ou subatómico que envolve a Física Quântica. Estas partículas subatómicas são os chamados tijolos do universo porque constituem a realidade material, conhecemos bem a parte material a tal ponto que é bem comentado que se pudéssemos comprimir estes tijolos, talvez pudéssemos verificar se são feitos de cem por cento de vácuo e apenas cerca de 0,9 por cento de algo que nem sequer podemos dizer com certeza que é totalmente sólido, mas pelo menos tem propriedades tangíveis que forçam a ter ou aceitar visivelmente uma realidade material. É interessante colocarmo-nos a seguinte questão: Podemos comparar os resultados das experiências que dão relevância às leis quânticas com os resultados obtidos ou produzidos nos nossos centros de energia devido às sensações? A resposta é: Sim. Na maioria dos fenómenos estudados, a inexactidão (numa escala subatómica) dos resultados quânticos deixa uma lacuna de ondulação onde muitas questões podem ser colocadas, especialmente se nos juntarmos a estes inexactos (mas inexactos do ponto de vista subatómico) diz respeito ao facto da actual impossibilidade de uma unificação teórica das leis que casam, numa única lei, os quatro principais campos energéticos bem conhecidos até agora.

Sabemos que a explicação de fenómenos importantes só pode ser resolvida, por enquanto, em paralelo e não em conjunto, o que torna o fosso de perguntas sem resposta ainda maior. Depois, a realidade material que percebemos muda radicalmente.

O facto de o estudo de todos os campos de energia a nível subatómico ter sido tratado separadamente prejudicou o estudo ou desenvolvimento como um todo; daí a necessidade de um aparelho matemático que com uma teoria unificada explica os diferentes campos de energia como um todo.

A teoria quântica pelos seus princípios, postulados e equações acreditamos ser necessária porque enquanto os diferentes problemas de outros campos de estudo não forem resolvidos como um todo, não seremos capazes de resolver o problema da nossa natureza biológica e reacções físico-químicas como um todo, o que nos faz permanecer muito mais ou sempre numa escuridão relativa e generalizada para conhecer a verdadeira raiz da nossa energia interior e a sua ligação com a nossa energia espiritual; Estaríamos mais próximos de conhecer a verdade da criação sem especulações religiosas ou científicas ou mentiras piedosas se analisássemos a nossa natureza do ponto de vista da análise energética tendo em conta a energia espiritual e a sua relação com o mundo quântico.

Até agora, a **Teoria das Supercordas** é a grande oportunidade de ter uma descrição onde a Super-simetria de partículas que podem comportar-se de forma idêntica é considerada, poupando alguns dos problemas ou inconvenientes de carácter matemático que surgem devido à dimensionalidade. Mas trataremos destas teorias em trabalhos futuros a publicar em devido tempo.

Todos sabemos que as partículas quânticas ou partículas subatómicas são chamadas tijolos do universo, e por isso o nosso universo conhecido é constituído principalmente por energia quântica infinita, energia que nasce ou é produzida a partir das vibrações e rotações das partículas subatómicas que compõem a matéria e sabemos que se trata sobretudo de um vácuo operacional que já tinha sido descrito por antigas tradições de pensamento. Temos argumentado que a física quântica afirma ser o novo cão de guarda do mundo, oferecendo-se como complemento activo entre outros ramos da ciência para interpretar o desenvolvimento dos fenómenos e mistérios da vida; por exemplo, o estudo do cérebro, das energias e potenciais necessários para determinar o comportamento dos materiais a fabricar em nanotecnologia, no controlo de reactores nucleares e outros.

Mas .... Porquê a física quântica neste caso? As leis da ciência são exactas a nível quântico? Poderíamos dizer Não. Depende da comparação com os resultados obtidos para fenómenos à escala de corpos grandes ou macroscópicos que ajudam a resolver problemas de saúde e outros.

Uma vez que as leis e princípios foram desenvolvidos e formulados com base no ajustamento favorável de pelo menos quatro constantes fundamentais que não têm um valor exacto na escala de Planck, $10^{(-34)}$, portanto, uma vez que não há exactidão nas nossas leis que explicam o desenvolvimento da natureza, também não pode haver resultados exactos, e a questão poderia ser colocada: Tem isto a ver com a não-exactidão na ciência na escala de Planck, ...?Pelo menos ou pelo menos ao nível subatómico, ao nível quântico sabemos que não há precisão; e isto é bem interpretado e sustentado pelo princípio da incerteza, ou seja, pela impossibilidade de determinar com precisão a posição de uma partícula subatómica sem perturbar a sua velocidade e vice-versa, e muito menos poderíamos ter uma medida perfeita das suas dimensões, à escala de Planck ou à escala subatómica, que é o nível necessário como limite para fabricar materiais microscópicos ou sofisticados.

Em contraste com isto é a Física Newtoniana ou a Mecânica dos corpos macroscópicos, aplicada à tecnologia e Engenharia macroscópicas, que é suficiente para aplicar apenas as leis que regem os fenómenos à escala macroscópica e estamos satisfeitos ou podemos obter precisão, ou seja, pode construir uma ponte, medir com precisão um carro, uma mesa, etc., mas: Pode medir perfeitamente a dimensão de uma partícula subatómica? ...Não! ...pelo menos quantum NÃO!

É pelo acima exposto e pela experimentação real que na mente finita do homem as provas derivadas de tentativas e erros o conduzem ao caminho de uma suposta verdade a que chamamos ciência. As ciências da humanidade como a biologia, a química ou a física, não criam coisas, simplesmente as descobrem por meio de ou por experimentação e descrevem-nas analiticamente; mas com uma enorme margem de erro do ponto de vista microscópico, infinitesimal, subatómico ou quântico, ou seja, na escala de Planck.

Embora, e isto é interessante de repetir, sabemos que a nível macroscópico a "mecânica do corpo grande" é exacta, na sua gama de medição; no entanto, isto não dá uma resposta absoluta à procura da compreensão do mundo nas suas raízes. Há muitos dogmas sobre isto, muitos conjuntos de partículas subatómicas e teorias ainda não prováveis que formam um "corpo grande", mas o estudo do corpo grande deve ser feito a nível subatómico, a fim de encontrar o melhor caminho que nos leve à raiz e ao facto experimental que nos permite descrever as coisas.

Por exemplo, a ciência biológica não inventou a fotossíntese, simplesmente descobriu-a experimentalmente e descreveu-a analiticamente e depois aplicou-lhe o conhecimento da ciência como um todo, tais como as suas leis para descrever a sua evolução, desenvolvimento e transformação, que é bem conhecido por ter permitido à ciência médica ou medicina curativa nas suas diferentes disciplinas aplicá-la em todas as suas teorias médicas e métodos experimentais de cura, apoiados pelos teoremas postulados, leis e invenções das ciências naturais e de todos os tipos de tecnologia.

As ciências naturais: química, física e biologia com o apoio da matemática computacional coexistem ou convergem, uma vez que ambas são descrições de uma realidade que podemos chamar universo composto a partir da raiz por partículas subatómicas quase intangíveis como o pensamento, mas que se comportam como ondas de energia quântica, e daí surgem questões interessantes tais como: Podemos medir a dor, Podemos ouvir as cores, Podemos ver o cheiro? Podemos ouvir cores? Podemos ver cheiro?...não vamos responder a estas perguntas, pois requerem uma análise comparativa e serão incluídas no livro "Quantum Consciousness" a ser enviado em breve para publicação,

Quer sejam ou venham aos nossos órgãos como ondas, ondas harmónicas ou não, ainda não podemos dizer, por enquanto, que não podemos; mas estamos conscientes de que os sentimos no nosso corpo físico com a ajuda dos nossos sentidos e com a intensidade harmónica de acordo com a nossa verdade interior correlacionada com o mundo exterior que perturba positiva ou negativamente dependendo da solidez muito harmónica de todas as nossas partículas quânticas que formam os nossos órgãos, glândulas, vísceras, músculos e mesmo os centros energéticos chamados chakras ou remoinhos de energias absorvidas pelos nossos corpos e que estão correlacionados com certas glândulas endócrinas e as suas correlações com o sistema nervoso total, e assim sentimos no nosso corpo cada uma destas sensações. Temos argumentado que se trata de um desafio para a Ciência Médica e o corpo de todas as teorias científicas que cada vez mais alimentam e alargam o espectro do conhecimento como um todo. Mas a realidade descrita pela ciência quântica não é tal, uma vez que as bases dos seus postulados (postulados e princípios comprovados) chocam fortemente com o finito, o mutável e o temporal, e isto porque a exigência do princípio da incerteza não reconhece a exactidão a nível quântico ou subatómico de qualquer medição ou cálculo em que as leis são produto errático e não fiável da imperfeição na medição por natureza da mesma, mas também esta imprecisão está implícita e ainda mais nas leis quânticas quando tentamos descrever ou descrever fenómenos próximos do que poderíamos aceitar como reais e sólidos com aproximações próximas do que poderíamos chamar, precisão ou perfeição, embora não absolutamente, mas limitada pela incerteza e pela escala quântica de Planck; então: Uma partícula subatómica como o electrão não pode ser medida com precisão. Poderíamos aceitar que os fenómenos subatómicos tenham a sua base no infinito, imutável, intangível e intemporal?, Portanto, as suas leis descreveriam o processo num espectro de uma criação sólida e real que, como um todo, atinge o finito.... Mas macroscopicamente finito!!!

Durante muitos, muitos anos, a ciência física tem tido o seu fundamento onde tudo parecia claro. Pode-se dizer que o estudo ou a atenção a este nível subatómico da realidade é a base que dá ao material, sólido real, etc., concepção uma verificação tangível a partir do material; a física quântica mostra-nos isto, e aí reside a sua virtude.

Segundo D. Chopra, **cito**: "Algumas das características dos três planos que compõem o nosso universo visível que já foram descobertos e analisados, descritas pela ciência física, são: Os eventos são definitivos, os Objectos têm limites fixos, a Matéria está situada acima da energia. O espaço real é tridimensional e perceptível pelos cinco sentidos humanos, o tempo flui numa só direcção, as acções no plano físico são finitas, mutáveis e sujeitas à extinção. Todas as coisas têm um começo, um desenvolvimento e um fim aparente. Os organismos nascem, desenvolvem-se e parecem acabar por se transformar em outros para seguir o sentido da vida ou o ciclo infinito da vida. Tudo o que compõe o mundo macroscópico é condicionalmente previsível. As causas e os seus efeitos são estáticos, não o são para o universo atómico. Fim da citação. Neste Dr. Chopra aceita que os resultados quânticos são imprevisíveis, mas os objectos não têm limites fixos e ele não ignora a dinâmica do mundo quântico. Pois não há perfeição na medição, nem medição macroscópica nem microscópica,

No seu livro Rejuvenescer e Viver Mais, D. Chopra diz-nos muito apropriadamente o seguinte, cito: "No preciso instante em que pensamos, rimos, ouvimos, cheiramos ou executamos qualquer acção um mensageiro químico traduz as nossas emoções, cada célula do nosso corpo compreende-a e junta-se a ela. O facto de podermos falar instantaneamente com aproximadamente 5.000 triliões de células na sua própria língua é tão inexplicável como aceitar que o primeiro fotão tenha surgido de um vácuo. As moléculas mensageiras são a melhor expressão material de inteligência que o cérebro pode produzir. A física quântica nasceu da busca para explicar estas regiões de aspecto paradoxal nos limites do espaço-tempo. Para ser como o quantum, o corpo não precisa de lançar as suas moléculas ou outra dimensão, apenas precisa de aprender a reagrupá-las sob novos padrões químicos; são esses padrões químicos que saltam da existência oculta para a existência real.

Uma vez que todas as células do corpo residem dentro do campo da inteligência, cada célula alinha-se com o cérebro, que representa o pólo norte magnético. Uma célula é como uma pequena protuberância no campo, enquanto que o cérebro é uma protuberância gigantesca. Contudo, quando a célula fala com o resto do corpo não é inferior ao cérebro na qualidade do que diz, tal como o cérebro deve correlacionar a sua mensagem com milhares de milhões de outros, deve envolver-se em milhares de trocas químicas a cada segundo e, o mais importante, o seu ADN é exactamente o mesmo que o de qualquer neurónio. Consequentemente, o mais pequeno dos impulsos da inteligência é tão inteligente como o maior deles.

Cada célula é um pequeno ser vivo, "conhece" tudo o que armazenamos, arquivamos e temos escondido e escondido que é despertado pela "memória" no invisível, à sua própria maneira, antes de vir para este planeta. O campo silencioso da inteligência é a nossa realidade fundamental. Se tivermos atitudes positivas sobre nós próprios, como parte de uma terapia planeada, só conseguiremos, como já foi demonstrado, combater a doença. O sistema mente-corpo-espírito, quando a mente se une à consciência invisível do espírito, reactiva automaticamente a serotonina do corpo, gerando a auto-defesa do próprio organismo humano. **Fim da citação.**

Neste sentido, aqui, Chopra apresenta a acção como um todo, ou seja, apresenta-a holisticamente, e isto é verdade porque tudo está intimamente correlacionado, cada acção está correlacionada com qualquer outra acção do corpo humano, mas não há separação e isto é o universo interior como um todo.

Outros autores e o próprio Chopra salientam que, Citação: Do ponto de vista da física quântica, a realidade é um lugar mágico e misterioso. Embora no plano físico predominem o tempo e o espaço da vida quotidiana, e a entropia, a decadência e o envelhecimento façam parte do devir normal, nada disto caracteriza a realidade quântica. O reino quântico é a fonte de pura potencialidade da qual brota a matéria prima do corpo, a mente e o universo físico. O reino quântico é o ventre da criação, o mundo invisível onde o visível é concebido e montado. Podemos resumir os princípios da física quântica em cinco pontos principais: No domínio quântico não há objectos fixos, apenas possibilidades ou probabilidades. No reino quântico, tudo está inseparavelmente entrelaçado. Os saltos quânticos são uma característica do reino quântico. Um salto quântico é a capacidade de mover-se de um lugar no espaço ou no tempo para outro, sem ter de passar por qualquer outro lugar ou tempo. Uma das leis do reino quântico é o princípio da incerteza, segundo o qual um acontecimento é simultaneamente uma partícula (matéria) e uma onda (energia em forma de onda), pelo que é a sua intenção que lhe permite ver uma partícula ou uma onda. No mundo quântico, é necessário um observador para criar um evento. Antes de alguém observar uma partícula subatómica, ela existe apenas na forma virtual, todos os eventos são virtuais até que sejam observados. "Fim de citação". Assim, Chopra, sem dúvida, e isto é importante salientar, deixa claro o fundamento básico da inexactidão da física nas interacções de escala subatómica, devido a ou por causa da inexactidão e precisão da medição, especialmente não violando o princípio da incerteza, entre outros. A não exactidão vem do próprio princípio da incerteza e da evolução contínua e lenta que diz que o que é verdade hoje será incerto amanhã, daqui a cinquenta ou cem anos, não porque tenha sido imposto, mas porque as leis da natureza científica são substituídas ou transformadas de uma forma que muda porque o conhecimento científico não tem limites.

Análise quântica das energias no sistema nervoso.

Dado que a ideia central desta secção é clarificar e apresentar uma proposta para o estudo do sistema neuronal utilizando a física quântica, através de ou fazendo uma análise das interacções e mudanças de energia que ocorrem durante os processos neurofisiológicos, Por conseguinte, a metodologia a utilizar será enquadrada num modelo viável e baseada em aspectos teóricos dentro do que constitui a base da fisiologia vista do ponto de vista da teoria quântica.

Para apoiar e realizar o acima exposto, são analisados os principais potenciais envolvidos em interacções neuronais tais como potenciais sinápticos, potenciais de limiar e potenciais de libertação de neurotransmissores, bem como potenciais de curto alcance que também são responsáveis por interacções durante as reacções sistema nervoso - sistema endócrino glândula nervosa - sistema nervoso - órgão biológico. Embora seja bem conhecido e bem relatado que as análises comparativas dos potenciais de libertação de neurotransmissores são, evidentemente, particularmente dependentes do paciente ou da pessoa em questão.

Na procura de uma forma de introduzir na nossa aprendizagem estas usando conceitos teóricos da física quântica oportunos de tal forma que tenhamos uma visão mais ampla da relação entre estas duas áreas de conhecimento, de modo a que isto nos permita alargar o conhecimento ou capacidade de compreensão em geral de qualquer disciplina.

Neste sentido, utilizaremos a teoria que analisa as interacções entre as células do corpo humano que são acessíveis, estudando as manifestações quânticas no sistema neuroendócrino, interpretando e analisando as alterações energéticas devidas às interacções entre as células que formam este sistema e a sua relação com o sistema nervoso. É interessante usar os fundamentos teóricos e leis fundamentais da física quântica detalhando a sua relação com a neurociência, pois sabemos que toda a interacção entre células que formam neurónios e órgãos biológicos que são por sua vez formados por partículas subatómicas cujas interacções são explicadas pela física quântica.

Como a este nível subatómico as leis da mecânica macroscópica ou da mecânica newtoniana não são aplicáveis ou falham, porque a esse nível, a sua gama de aplicabilidade é limitada, então, analisaremos estas mudanças energéticas ou estas interacções celulares ou neuronais analisando ou tendo em conta os seus componentes subatómicos.

É muito pedagógico e científico fazer uma análise quântica das trocas de energia a nível celular antes, durante e após a produção de hormonas e o seu fornecimento ao sangue, estudando os potenciais sinápticos quânticos entre os dendritos e o corpo neuronal, o potencial limiar do corpo neuronal e o potencial de libertação do neurotransmissor nos axónios, bem como as probabilidades de libertação do neurotransmissor e a relação energética das glândulas endócrinas entre si, e das interacções das glândulas endócrinas com os órgãos biológicos correspondentes, e o sistema nervoso central e externo ou periférico.

Análise quântica das trocas energéticas entre os órgãos biológicos, nas glândulas neuroendócrinas e no sistema nervoso total e em particular a variação das energias através da produção dos diferentes tipos de hormonas, o envio destas para os respectivos órgãos e neurónios e a forma como são influenciadas pelas energias eléctricas e magnéticas provenientes dos seus componentes químicos e a energia proveniente tanto do cosmos como de todas as suas imediações, a explicação de como e porquê estas energias ajudam ou intervêm na produção ou criação do pensamento e a velocidade da sua produção, a sua comparação com a forma como absorvemos a energia e como a dissipamos através do canal central coincidindo com a coluna vertebral tendo em conta, também, o campo magnético, ou seja, a energia do campo magnético circular de cada órgão biológico directamente relacionado com o sistema nervoso central juntamente com a energia proveniente do cosmos; têm sido objecto de preocupação e, portanto, de muitos estudos e análises históricas e comparativas, e por esta razão realizámos um estudo que aborda estes fenómenos de um ponto de vista quântico.

Este tema será analisado neste trabalho tomando como referência os neurónios do cérebro, os órgãos biológicos e as glândulas neuroendócrinas mais estudados ou mais referidos na investigação e mais tratados na neurociência actual, ou seja, os mais estudados no ensino nas áreas da fisiologia e das ciências puras, e analisámo-los juntamente com os órgãos que estão correlacionados com eles e a sua relação com o sistema nervoso. Embora saibamos que todas as glândulas endócrinas e exócrinas são importantes

É então que, neste trabalho, estudamos ou apresentamos como e porquê se acredita ou como acreditamos que o movimento ascendente e descendente de energia é gerado nas partes mais transcendentes do corpo; mas também estudamos, revemos e analisamos, aqui, como, porquê e o quê para a produção de hormonas nas glândulas endócrinas e a sua relação quântica com o sistema neuroendócrino é gerada quantumamente. É interpretado do ponto de vista da física quântica, tratando as interacções como consequências de fortes potenciais quânticos de curto alcance.

A ligação que pode existir entre os aspectos quânticos da energia e a ideia como objectivo último do pensamento, analisando a transmissão desta ideia que é enviada como ondas de energia através do sistema nervoso, leva-nos a acreditar que existem transmissões energéticas correlacionadas entre todo o sistema nervoso central como uma relação quântica.

É importante esclarecer que, embora nenhuma interpretação energética seja inteiramente adequada sem ter em consideração as energias electromagnéticas nas relações desta com a energia magnética do cosmos incluindo a energia gravitacional devido ao campo gravitacional. Sabemos que estas energias electromagnéticas subatómicas são infinitamente pequenas em comparação com as energias cósmicas; por isso não as tomaremos em consideração, embora o nosso tratamento quântico possa requerer isso.

Como podem as glândulas endócrinas estar energeticamente correlacionadas entre si de um ponto de vista quântico, se estas últimas fazem parte da anatomia do corpo humano material?

Claro que com base nas inter-relações das glândulas endócrinas entre si e nas inter-relações destas com o cérebro, o sistema neuronal ou sistema nervoso e alguns órgãos biológicos; e claro que será tida em conta a influência em todas estas e nas glândulas endócrinas dos diferentes tipos de energia magnética proveniente do cosmos, ou seja, do mundo à nossa volta, composta de matéria invisível e incomensurável do ponto de vista macroscópico.

O novo desafio da ciência quântica seria apresentar uma forma alternativa de ver como os potenciais quânticos da nossa mente poderiam ser clarificados, apresentando conjuntos de ideias de uma forma sequencial, mas antes ideias em que são reflectidas e repetidas em vários cenários sem perda de generalidade e sem nos dissociarmos do facto de que, entre outras coisas, é também para fazer o leitor compreender que os processos ou mudanças energéticas que ocorrem nos órgãos biológicos na sua correlação com as glândulas endócrinas e o sistema nervoso poderiam ser utilizados ou interpretados para o estudo das interacções das partículas subatómicas que formam o nosso ser, e que formam ou compõem a fonte dessa energia vital, ou seja, que poderiam dar explicações a fenómenos que estão fora do contexto do visível e que não foram completamente explicados pela teoria, como é o caso da origem do que produz pensamento: ideias e como elas são produzidas; bem como a explicação quântica do fluxo de energia através do nosso corpo sob a forma de ondas através do canal central onde os efeitos energéticos destes órgãos e glândulas neuroendócrinas são conjugados com uma influência marcada do sistema nervoso cerebral. Para isso devem ser incluídos nos estudos habituais de fisiologia: os potenciais, as mudanças de energias e as probabilidades de libertação de neurotransmissores, dando mais importância à origem quântica destes processos ou fenómenos ou à origem quântica dos diferentes potenciais envolvidos nestes processos. É neste sentido que nesta linha de acção se introduz uma investigação prática de tipo analítico que trata do estudo quântico dos fenómenos de interacção, entre si, das células do sistema cerebral-nervoso seguindo certas técnicas avançadas de física quântica que permitiriam fazer uma extensão, ao modelo quântico do modelo clássico, que é utilizado no estudo dos potenciais e das mudanças energéticas que ocorrem a nível celular. Surgem dúvidas sobre o que irá acontecer a seguir, se isto ou aquilo ocorre, ou tudo ao mesmo tempo, e estas dúvidas ou incertezas levam-nos a colocar-nos as seguintes questões: Que conhecimentos temos sobre a influência da física quântica no sistema nervoso e sobre as mudanças que ocorrem na humanidade e na evolução da ciência? É necessário conhecê-las? Que mecanismos nos permitem obter informação actualizada sobre a necessidade de uma correlação entre os aspectos quânticos e o ensino de outras matérias do conhecimento? Que mecanismos nos permitem obter informação sobre as manifestações quânticas no cérebro? Como intervêm os aspectos quânticos da física moderna no estudo do cérebro? Como poderia o ensino ser melhorado se tivéssemos mais conhecimento sobre as manifestações quânticas no sistema neural?

A fim de responder a estas e outras questões, consideramos interessante fazer uma breve revisão dos efeitos e causas das manifestações quânticas no sistema nervoso - combinação sistema nervoso - sistema neuroendócrino - cérebro; e por esta razão incluímos recomendações como, por exemplo Aprofundar estudos para obter mais informação sobre manifestações quânticas no sistema neuroendócrino - Para esclarecer ou explicar como o conhecimento teórico-prático das manifestações quânticas no sistema neuronal poderia melhorar de forma integral o estudo da neurociência-Analisar, do ponto de vista quântico, como são as alterações energéticas no sistema neuroendócrino e como são causadas pelas manifestações quânticas? como as mudanças de energia no sistema neuronal se manifestam através do estudo das energias nas células que formam os neurónios e como as mudanças de energia se manifestam durante e após as sinapses, concentrando-se nos potenciais sinópticos, nos potenciais limiares do corpo celular e nos potenciais deliberativos do neurotransmissor no axónio; bem como tendo em consideração a ligação dos neurónios com o hipotálamo através do sistema nervoso. Podemos considerar que é verdade que já foi demonstrado ou comentado por outros investigadores que é mais fácil analisar no sistema endócrino, as manifestações quânticas uma vez que é precisamente nos neurónios que ocorrem mais interacções quânticas no momento em que os sinais nervosos trazem a informação e passam de uma célula para outra, evidenciando as mudanças de energia e os potenciais que geram essas mudanças e os potenciais que devem ser ultrapassados para que o sinal penetre cada célula e as mudanças de energia sejam produzidas quando o neurónio capta o sinal através da sua célula, devido aos potenciais de acção ou inibição entre o dendrito e o núcleo ou corpo neuronal e depois também os potenciais que devem ser ultrapassados para que haja uma probabilidade de libertação de neurotransmissores através dos axónios, mas estas demonstrações não têm em conta os princípios fundamentais da teoria quântica. Estas certezas deixam claro que, na medida em que usamos a teoria quântica para analisar fenómenos do corpo humano ou fenómenos que nos permitem mostrar que a física vai além do estudo da dinâmica das partículas subatómicas interagindo por meio de potenciais cuja expressão analítica é conhecida, ou interacções de partículas com potenciais analiticamente bem definidos, tais como a partícula subatómica num poço potencial ou barreira potencial, a teoria quântica dá explicações para qualquer tipo de interacção em que partículas subatómicas estejam envolvidas; para o qual utilizaremos o facto de as células serem constituídas por partículas elementares ou partículas subatómicas e a sua energia ser uma manifestação quântica da interacção entre as células e de os potenciais de interacção serem de origem quântica. Estudar, através de um processo de análise sintética, o comportamento da pressão osmótica nas membranas e a sua variação após a despolarização. Isto é importante porque é aqui que um efeito ou influência importante do quantum se manifesta na nossa vida. Como é o princípio Pauli. É portanto essencial justificar porque é que o estudo das manifestações quânticas energéticas do sistema neuroendócrino e a sua correlação com o sistema cérebro-neuronal é prosseguido, isto tem sido feito correlacionando de alguma forma princípios fundamentais da fisiologia com alguns dos princípios da física quântica. Sabemos desde o nascimento da teoria quântica que ela é constituída por física quântica (teoremas, leis e princípios) e pelo seu aparelho matemático, sabemos também que as mudanças introduzidas pela sua descoberta foram introduzidas em toda a humanidade e estão ligadas às mudanças exigidas pela própria humanidade no seu desenvolvimento de toda a ciência e os novos desafios estão a forçar mudanças nas novas metodologias utilizadas nas ciências sociais e naturais, o que tornou necessário o estudo de todos os campos de aplicação com novas técnicas, novos teoremas, leis e novas expressões analíticas ou equações matemáticas.

Quantum Computing for the Ensemble: Cérebro - Nervos.

Devido à forma como o cérebro é formado, ao desenho da sua comunicação através do sistema nervoso e na intenção de imitar a funcionalidade do cérebro e em virtude do que tem vindo a evoluir a formação de computação ou computação quântica, acreditamos que é sensato misturar ou analisar algumas analogias entre ambos a fim de dar bons passos no sentido de uma simulação computacional razoavelmente aceitável do funcionamento do sistema nervoso cerebral; Além disso, a computação quântica seria uma ferramenta estratégica no estudo **da teleportação** quântica, dado que se baseia na teoria básica da quantum onde os princípios da sobreposição de estados quânticos e o princípio do enredamento quântico, entre outros, são tidos em conta.

A base da relação entre a Quantum Computing e o cérebro tornou-se um assunto muito interessante e é certamente evidente em vários casos, por exemplo quando tentamos interpretar os diferentes caminhos que levam a conhecer a razão da velocidade da formação do pensamento ou quando tentamos explicar porquê a velocidade da comunicação do cérebro através do sistema nervoso central e periférico ou a velocidade com que o conjunto de ideias é transmitido através das vias acopladas ou dos sistemas nervosos, ou seja, os sinais, impulsos ou comunicações que o cérebro envia e também recebe na sua incessante vida comunicacional com os órgãos biológicos, com as glândulas, com o resto do corpo e o sistema neuromuscular em geral interligados como redes quânticas. Isto levou-nos à ideia de que a introdução de redes neurais quânticas poderia ser parte dos instrumentos para explicar este assunto.

Como misturar a Quantum Computing com o Cérebro? Recordemos que falar do cérebro é quase referir a sua composição nervosa e neuronal, e falar de computação, quântica ou não, é falar do sistema de conexões que compõem a recepção e transmissão de dados e resultados.

Sabemos que após as sinapses ocorrem, a fim de analisar como e porquê isto acontece à alta velocidade das correntes iónicas com ondas à velocidade da luz, consideramos ou tomamos as partículas em interacção como o que são, partículas subatómicas, ou partículas quânticas, o que nos permite descrever o seu comportamento e de tal forma que pensamos que, fazendo uso de princípios fundamentais interessantes da Física Quântica, tais como **O Princípio da Sobreposição** de estados quânticos, demonstrado e aceite pela ciência como um todo, onde podemos considerar que uma partícula subatómica pode estar em estados de sobreposição coerente que é equivalente a dizer matematicamente: pode ser 0, 1 e pode ser 0 e 1 ao mesmo tempo dois estados sobrepostos e ortogonais de partículas subatómicas. **Repetimos** porque é que isto é classicamente impossível. Pensamos assim que esta interpretação poderia permitir-nos reafirmar com certeza que a partícula atómica, neste caso um electrão, pode estar em dois estados ao mesmo tempo, este facto garantirá a validade deste princípio quando o aplicarmos à comunicação e à Teleportação como parte de uma comunicação, ou seja, garante a aplicação deste princípio na forma de comunicar, por outras palavras, a forma como os electrões comunicam, que é semelhante à forma de processar sinais ou ordens num computador quasi-quântico que, ao contrário do computador digital clássico, é expresso matematicamente (0,1); isto significa que classicamente existe um estado zero para a partícula no tratamento clássico ou macroscópico, que não é o mesmo que quantum onde não existe esse estado zero definido desta forma. **A diferença fundamental** entre o qubit (quantum) e o bit (clássico) é que o bit indica as posições 0 ou 1; o qubit indica as posições 0 e 1 ao mesmo tempo para a partícula. Por outras palavras, 100 bits dão-nos 100 resultados ou posições, enquanto 100 qubits dão-nos 2 ao 100º. Isto deve-se ao princípio da sobreposição.

Ao obedecer a este princípio de sobreposição de estados quânticos, a partícula subatómica nunca está a zero e comunicam: ou seja, **enviam e recebem** sinais neurais a uma velocidade milhões de vezes mais rápida do que o habitual computador clássico, para o qual o 0 existe como um único estado e que normalmente utiliza o bit como sua unidade em oposição ao qubit que é a unidade do computador quântico. Isto também faz parte da estratégia fundamental da **Teleportação** de propriedades de substâncias e bactérias. Por outro lado, considerando o princípio do Entanglement of Quantum States, como aquele que nos permite ver mais claramente a ligação ou relação entre o espiritual e o material através da física quântica é também conhecido como o Princípio dos Estados Emaranhados Intrincados que transcende em interpretações macroscópicas quando o aplicamos a sistemas astronómicos e para alguns sistemas intergalácticos.

É também aplicado a sujeitos biológicos como o ADN. Isto permite a teleportação quântica para ou a nível atómico e molecular como no caso da molécula de RNA.

De acordo com **este princípio de enredamento quântico** ou estados enredados, duas partículas inicialmente em contacto e depois próximas ou distantes, têm propriedades atómicas, moleculares, que são inseparáveis uma da outra e vice-versa e que também mantêm uma correlação tal que o estado ou comportamento de uma delas modifica o comportamento ou estado da outra e isto equivale a dizer que o que acontece a uma é sentido pela outra, por outras palavras, estão ligadas ou ligadas entre si quer tenham ou não contacto físico ou estejam ou não próximas uma da outra.

Em linguagem mais quântica, digamos que a mesma função de onda ou vector de estado representaria dois estados de tal forma que quando um dos estados é modificado, o outro estado é modificado, independentemente da distância entre eles. Um colapso ocorreria como se fosse identificado com um único vector de estado, ou por outras palavras: uma única função de onda... resultante da sobreposição.

Oh, pode isto acontecer: será que a mesma função de onda descreve dois objectos separados então, se estes objectos partilham efectivamente a mesma raiz de existência e depois não importa quão distantes um do outro? Sim, acontece de facto com partículas quânticas que fazem parte de metais que são ligados para serem utilizados na formação de filmes metálicos ou sólidos quânticos onde enredam milhões de electrões e não há necessidade de ter tal função de onda ou potencial interplanetário.

E além disso, o que está enredado são estados quânticos contendo propriedades atómicas ou moleculares fundamentais que representam características definidoras da amostra ou partículas.

Exemplos experimentais de enredamento quântico.

Desta interessante parte poderíamos escrever um livro explicando os métodos utilizados pelos investigadores, mas daremos apenas referência a três importantes experiências, embora haja muitas que testaram o

Princípio do Entanglement Quantum, provando a sua validade: Recentemente um grupo de investigadores Sulke Buhler-Paqchen, Junichiro Kono e Xinwei Li e colaboradores, conseguiram o emaranhado de milhões de electrões; num metal com Iterbium, Ródio e Silício de acordo com as partes YbRh2Si2 resultados publicados em News Science 2019. Analisaram a quantidade de raios em função da temperatura. E tal como estes electrões foram teleportados por estas placas, assim também outras substâncias subatómicas poderiam ser teleportadas.

Outros cientistas liderados por Jian-Wei Pan, Science News (2017) testaram este princípio através do aumento da distância e da metodologia de separação recorde 1203 km e enviaram com sucesso fótons enredados para o espaço utilizando o satélite Misius. Isto torna claro que elementos de alta energia poderiam ser teleportados via satélite utilizando outro tipo de satélite.

Um terceiro exemplo envolveu comunicação de mapeamento quântico através do envio de mensagens sem utilização de partículas. Estes resultados foram publicados em Science News V356 PG-1140(2017).

Isto poderia ser usado em **Teleportação de Bactérias e Vírus mesmo que não possuam ADN.**

Há muitos mais casos experimentais desde 1993 que não citaremos, uma vez que são experiências menores em comparação com as citadas e, para recordar este princípio controverso, de estados quânticos enredados, alguns exemplos relevantes que vários cientistas têm demonstrado, recomendamos algumas referências.

No que diz respeito à relação com o cérebro, este princípio quântico é evidente quando se trata de explicar os resultados dados nos electroencefalogramas, que é onde as oscilações geradas pelo cérebro a diferentes frequências são capturadas devido aos grupos neuronais que compõem o cérebro e que oscilam activando e desactivando (Meta estabilidade a diferentes ritmos ou frequências). Estaríamos a dizer que cada neurónio contém uma estrutura "micro tubular" composta por polímeros "auto-montados" baseados na tubulina proteica, formando cilindros com retículas hexagonais nos quais os filamentos emparelhados se cruzam e se definem analiticamente ou matematicamente de acordo com a série Fibonacci e com simetria helicoidal da mesma forma que evidenciado nos ramos helicoidais da molécula de ADN, e é aqui que entra em jogo o princípio do emaranhamento quântico, deve ser dito: Ou os elementos que formam as moléculas das estruturas (bases) de ADN não existem como deveriam ou as nuvens de electrões não são helicoidais.

Então! Se estas simetrias helicoidais fazem com que o princípio dos **estados entrelaçados no ADN** se cumpra; também se cumpre nos grupos de neurónios, ou seja, para que o grupo de neurónios possa oscilar a diferentes frequências, devem formar-se cilindros com uma estrutura de malha hexagonal, mas com filamentos cruzados seguindo ou governados de acordo com a **série Fibonacci** e na simetria helicoidal e vice-versa, para que estes filamentos se cruzem, os grupos de neurónios devem oscilar a diferentes ritmos de frequência.

Isto é decisivo para a formação da base molecular ou elementos moleculares da base molecular do ADN. **Mais uma vez,** se não ocorrer emaranhamento quântico entre a nuvem de electrões de forma helicoidal, então a base molecular não é formada e vice-versa; há aí emaranhamento.

Por outras palavras: Se alterar a forma helicoidal da nuvem de electrões, então altera a base molecular, ou se alterar a base molecular (elementos moleculares da base de ADN), então altera a forma helicoidal da nuvem de electrões e vice-versa.

Por outras palavras, existe uma dependência existencial entre os dois fenómenos, que é o mesmo que dizer que estão correlacionados, que estão entrelaçados. **Este comportamento biológico** é apoiado matematicamente como indicado pela **série Fibonacci** numa relação numérica que à medida que progride é igual à dos decimais do número de Ouro e também química ou fisicamente como indicado pelo Princípio de Pauli: uma vez que para a formação da nuvem electrónica, não podem existir dois electrões no mesmo estado quântico. É claro que isto não viola as leis de **Chargaff**, nem viola a precisão constante requerida na medição das hélices helicoidais de ADN demonstrada pela investigação da Ciência Médica com as suas técnicas de difracção electromédica.

Em neurociência, o princípio de Pauli torna-se claro quando analisamos a formação do zigoto, porque para quebrar o potencial do Limiar nas membranas ou células ou corpo celular dos dendritos do sistema neuronal ou ovular, as barreiras potenciais do Limiar são penetradas porque os electrões tomam posições dos locais que lhes correspondem na célula, ou seja, um electrão não pode ocupar um local num estado quântico de frequência ou energia não permitida, de acordo com Pauli e tendo em conta o Efeito Tunelamento e o conceito de dualidade onda-partícula, só pode penetrar uma barreira potencial se tiver a energia necessária para o fazer, ou seja, para penetrar a barreira potencial. Sim... tudo isto é também manifestado ou explicado pelo número dourado.

Então: Como é que se manifesta? Para explicar isto, note-se que a forma helicoidal tem uma construção que obedece à série Fibonacci, o que significa que a relação numérica entre estes ramos helicoidais tem um valor que está relacionado com o número Phi, tal como a relação entre cada número da série Fibonacci está também relacionada entre si, ou a Razão de Ouro.

Esta é a origem da nossa preocupação sobre a interpretação desta inter-relação da criação de acordo com a razão áurea, uma vez que **tudo o que é criado** está relacionado, em certa medida, com a razão áurea ou número Phi.

Existe a mesma relação numérica na simetria de todas as coisas criadas ou conhecidas até aos nossos tempos e que formam o que chamamos universo ou o nosso universo; uma formação que vai desde o infinitamente pequeno - nível subatómico! até ao infinitamente grande que conhecemos ou do qual temos conhecimento - nível astronómico ou nível galáctico! Incrível, não é!

Teleportação de microrganismos: Bactérias ou Vírus

Recentemente, Tangcang Li e Zhang Qi Yin criaram um micro-organismo criando uma sobreposição de dois estados quânticos para demonstrar que uma bactéria pode estar em vários estados ao mesmo tempo. Movendo apenas propriedades subatómicas que caracterizam a bactéria, para passar a memória (estado quântico) ou propriedades atómicas ou moleculares que definem a amostra, do ser vivo para outro ser vivo...e para isso contaram com o desenho de um oscilador quântico com montagens supercondutoras e depois alcançando com essa montagem um novo estado quântico que representa o microorganismo, teleportaram-no; esta montagem foi publicada no Science Bulletin. Não estou autorizado a dar aqui os números da assembleia. Estas membranas mais as bactérias que formam o novo estado quântico seriam transportadas para outro organismo distante utilizando micro-ondas ou circuitos supercondutores de microondas e assim transportar a informação característica do micro-organismo, ou seja, a sua memória quântica, utilizando o circuito ou esquema concebido por Tangcang Li e Zhang Qi Yin.

A Teleportação Quântica também foi abordada através da inserção de fótons numa membrana metálica ou porosa, a fim de mover ou transportar o estado quântico resultante, fazendo assim uma Teleportação Quântica das suas características e também o seu movimento para uma série de fótons isolados e independentes, tais como o emaranhamento quântico maciço de electrões num metal formado por Ródio de Iterbium e Silício na Vienna Tec. -TU Wien. Ver referências. Por outro lado, Yi-Han Luo Physical Review Letters (19) aplicaram a Teleportação Quântica em grandes dimensões.

Relativamente à teleportação de estados quânticos de vírus isolados, não foram obtidos resultados devido à estrutura dos vírus que apenas possuem genomas e não como bactérias que possuem células citoplasmáticas, genoma bacteriano e ribossomas, no entanto, estão a tentar teleportar bactérias infectadas por certos vírus e teleportar o resultado que seria outro estado quântico composto pelas propriedades do conjunto Bactérias-Vírus. De acordo com o novo vencedor do prémio de medicina NOVEL 2008, o francês Luc Montagnier, o ADN original poderia ser considerado como estando ali mesmo se, sob condições impostas, pudesse originar cópias de si mesmo, armazenando ondas electromagnéticas e armazenando os efeitos quânticos através da criação de uma nova infra-estrutura idêntica ao ADN original, adicionando ADN replicando enzimas de forma a recriá-lo a partir da estrutura teleportada.Estas múltiplas experiências estão a ser realizadas por estas equipas e estão em tal progresso que produziram resultados positivos e são susceptíveis de serem aplicadas à teleportação de microrganismos tais como bactérias e vírus.

A teleportação de propriedades ou extracção de informação através de aplicações de vacinas é um tópico que não está fora do domínio quântico, dado que se as bactérias e os vírus puderem ser teleportados, as propriedades também poderiam ser teleportadas e com armadilhas reversíveis, a informação poderia ser obtida de qualquer paciente utilizando o princípio dos estados emaranhados quânticos, **mas** na transmissão inversa a função de onda perde coerência, ou seja, a função de onda não se comporta como uma solução para a equação de Newton da mecânica clássica ou da mecânica newtoniana. Isto levaria a uma revisão dos algoritmos quânticos.

Capítulo 2: Quantum e Neurociência em Redes.

Rede Neural Artificial Rede Neural Artificial ANN-Neuroquantum Network (ANN-NCN).

Em qualquer matéria ou tratado em que o objectivo é reunir diferentes disciplinas de conhecimento a fim de as associar a um tema específico, sempre houve discordâncias notáveis, mesmo que os princípios fundamentais de cada uma destas disciplinas sejam respeitados ou levados muito a sério; é o caso de deixar claro que conhecer os conceitos básicos de várias disciplinas é muito interessante para aumentar o conhecimento da disciplina ou área específica que pretendemos ensinar.

Por exemplo, na abordagem computacional para o caso da Rede NeuroQuantum tentamos combinar modelos de redes neurais artificiais habituais ou clássicas que são actualmente amplamente utilizados na aprendizagem de máquinas como um método para tornar a classificação de padrões mais conveniente e isto é utilizado comparativamente no desenvolvimento de algoritmos mais eficientes e melhorar algumas dificuldades no desenvolvimento de modelos e melhorar a forma de formação de redes.

De acordo com alguns peritos ou académicos, existe a esperança de que sejam associados a certas características da computação quântica onde princípios quânticos como o paralelismo quântico ou os princípios de incerteza, interferência e enredamento quântico são tidos em consideração, de modo a poderem ser utilizados para o desenvolvimento da neurociência quântica. Mas o facto de as ANNs serem descritas por equações dinâmicas dissipadoras impediu a generalização directa do cálculo da rede neural aos sistemas quânticos. Até agora, a construção ou implementação de um computador quântico com a velocidade necessária para futuros algoritmos que cumpram os princípios quânticos está ainda numa fase muito precoce, tais modelos de Redes NeuroQuantum são, por agora, propostas para esperar, uma vez construídas, para passar nos testes experimentais. Mas para que estes modelos produzissem resultados aceitáveis, os algoritmos teriam necessariamente de ser construídos a partir de um aparelho matemático que passaria de uma espécie de modificação do hardware actual para caber no aparelho matemático probabilístico exigido pelo princípio da incerteza quântica, bem como pelos operadores quânticos lineares.

O início do estudo sobre redes neuroquânticas começa com abordagens matemáticas de diferenças notáveis e um exemplo claro disso reflecte-se nos casos da ideia de substituir os neurónios binários por um Qubits ou quron, resultando em unidades neurais que podem estar num estado de sobreposição activa e, ao mesmo tempo, em repouso. Isto seria um grande passo na simulação do cérebro usando redes neurais quânticas ou redes neuroquânticas.

Existem outras teorias onde a semelhança de uma função de activação neuronal com a equação do valor próprio quântico. Isto exigiria a introdução da equação de Dirac e a interpretação de operadores lineares no espaço de Hilbert, mas não podemos ir mais longe.

Outros autores consideram a introdução fotónica de um caso particular de rede neural tomando a teoria da existência de Multiverses/Multiverses^ mas após a realização de uma medição o modelo utilizado desaparece. Vários autores publicaram muitos mais artigos sobre computação quântica, ou seja, utilizando os fundamentos e princípios da física quântica para encontrar um modelo de rede em neurociência quântica, mas ainda não foi possível obter ou construir o modelo de uma rede neuroquântica. No nosso entendimento, seria uma rede Bioquântica, para um caso mais especializado.

Alguns estudiosos e investigadores introduziram um equivalente quântico do perceptron como a unidade com a qual as redes neurais são construídas, mas as funções clássicas de acção não linear estão em desacordo com a estrutura matemática da teoria quântica, uma vez que a evolução quântica é descrita por operações lineares e leva a uma observação probabilística e não determinística como na matemática clássica... e a matemática quântica não aceita isto.

É controverso misturar estas ideias de assemelhar-se ou incluir a função de activação de um perceptron com um formalismo da teoria quântica, desde medidas especiais até à introdução de operadores não lineares, uma vez que isto não é aceite como não estando em conformidade com os princípios e postulados fundamentais da teoria quântica.

Recentemente, foi proposta uma implementação simples da função de activação utilizando o modelo de cálculo quântico implementado em circuitos não lineares, introduzindo um algoritmo de estimativa de fase quântica; estas contribuições invertem a abordagem e tentam explorar ideias da investigação de redes neurais para obter aplicações poderosas para o cálculo quântico, tais como a concepção de algoritmos quânticos suportados pela aprendizagem de máquinas; do qual existe uma proposta em que é considerado um cálculo quântico que consiste num número de qubits com interacções mútuas modificáveis. Seguindo a regra clássica da propagação da força das interacções com a aprendizagem de uma variedade de sinais de entrada que se assemelham como se a rede quântica aprendesse um algoritmo baseado no caso do algoritmo de memória quântica associativa com emaranhamento quântico.

É importante esclarecer que os autores não tentam traduzir a estrutura das redes neurais artificiais em teoria quântica...NÃO!!!, mas propõem um algoritmo para um computador quântico baseado em circuitos que simula a memória associativa. Há casos de estados de memória armazenados nos pesos das ligações neurais que são descritos como uma sobreposição e um algoritmo de pesquisa quântica que recupera o estado de memória mais próximo de um sinal de entrada. Uma vantagem reside na capacidade de armazenamento exponencial dos estados de memória, no entanto, permanece a questão de saber se o modelo tem significado considerando o propósito inicial de certos modelos clássicos de redes descritos e apontados por vários autores como prova de que uma rede neural clássica pode assemelhar-se ou ser semelhante ao comportamento do cérebro mas não explica a disparidade dos resultados dos potenciais de acção.

Vários autores salientam que a maioria dos algoritmos de ensino-aprendizagem, nas redes neurais clássicas, seguem o modelo habitual de ensino-aprendizagem para uma rede neural artificial com objectivos numa dada função input-output e utilizando loops de feedback clássicos para tentar actualizar os parâmetros quânticos até que a convergência seja alcançada de modo a que a optimização seja alcançada. Por outro lado, alguns estudos quase-adiabáticos do processo de computação quântica introduziram o processo de ensino-aprendizagem em rede a fim de encontrar a optimização, o que é diferente da utilização de tipos clássicos de loops de feedback.

O tema das redes, da computação neuro-quântica e das redes quânticas está a ser abordado por vários grupos de cientistas superando os problemas que surgem ao evitar os algoritmos habituais, confrontando-os com os factos reais que vão desde o comportamento biológico natural do cérebro até ao difícil problema da construção de um algoritmo matemático que admite os princípios fundamentais do quantum, tais como o princípio da sobreposição de estados quânticos, o princípio da incerteza e outros.

Algumas convergências entre física quântica, neurofisiologia e redes neurais artificiais para tentar compreender como um emaranhado clássico básico destas disciplinas poderia ser interessante no ensino e na aprendizagem.

Breve visão geral do computador Quantum.

Não apresentaremos uma explicação profunda e detalhada do computador quântico, mostraremos apenas os fundamentos quânticos que estão relacionados com o computador quântico, de uma forma teórica, e falaremos sobre como estes fundamentos ou postulados quânticos têm a ver com a sua fabricação ou o seu hardware.

Quando falamos da rede quântica Nauro e da forma de transmissão do pensamento já estamos a introduzir o interessante ou interessante cálculo quântico como uma possível arma táctica para fazer simulações teóricas do comportamento do cérebro.

O desenho do Computador Quântico baseia-se, entre outros, na aplicação de alguns dos seguintes princípios fundamentais da física quântica: 1- A sobreposição quântica descreve como uma partícula pode estar em diferentes estados ao mesmo tempo. 2- O efeito túnel que assegura que uma partícula pode passar por uma barreira potencial ou um potencial limiar e não como na mecânica newtoniana que salta, mas como no caso do electrão baseado na dualidade onda-partícula pode passar por fendas devido ao comportamento duplo de partículas quânticas que, de acordo com a situação, são partículas ou ondas quase inexistentes para a mecânica newtoniana...3- Emaranhamento quântico descreve como duas partículas tão afastadas quanto desejado podem ser correlacionadas de tal forma que, ao interagir com uma, a outra se torna inteira; por exemplo, o teletransporte quântico utiliza emaranhamento quântico para enviar informação de um lugar no espaço para outro sem necessidade de viajar através do espaço, 4- Princípio da incerteza que garante a impossibilidade de determinar ao mesmo tempo a posição e o momento linear de uma partícula subatómica ou partícula elementar, como é chamada.

Quanto à matemática da mecânica quântica ou matemática da mecânica quântica com os seus operadores lineares, não nos referiremos a eles, e apenas salientaremos que são incompatíveis com a matemática da mecânica newtoniana ou da mecânica clássica; portanto, não caberiam no modelo de hardware do actual computador clássico.

À medida que a ciência evolui e por sua vez muda a tecnologia informática, a escala de integração aumenta e mais transístores cabem no mesmo espaço, pelo que são feitos microchips cada vez mais pequenos, porque quanto menor for o microchip, maior será a velocidade de processamento requerida pelo microchip. No entanto, ainda não foram capazes de tornar os microchips infinitamente pequenos porque isso violaria o princípio da incerteza. Uma vez que existe um limite à possibilidade de fazer medições no infinitamente pequeno exigido pelo quantum.

Há um limite a partir do qual deixam de funcionar correctamente. No efeito Tuneling, ou seja, quando a escala manométrica é atingida, os electrões escapariam dos canais através dos quais deveriam circular. A partícula clássica, se encontrar um obstáculo, não pode passar por ela e ricocheteia. Mas com os electrões, que são partículas quânticas e se comportam como partículas de onda, uma parte delas pode passar através das paredes, de modo que o sinal pode passar por canais onde não deve circular e depois os microchips não teriam qualquer efeito.

Portanto, a computação digital tradicional atingiria em breve o seu limite, devido a ter atingido escalas de apenas algumas dezenas de nanómetros, estas escalas estão para além do estudo ou da tecnologia clássica, ou seja, a física ou mecânica clássica de macroescala, o que obriga à utilização da mecânica quântica, o que obviamente leva a ter de implementar mudanças na tecnologia e na arte.

Embora ainda na sua infância, a computação quântica surgiu no início dos anos 80, quando houve necessidade de utilizar o quantum como uma unidade em vez de tensão. **Na computação digital**, um bit só pode assumir dois valores: 0 ou 1. Na computação quântica, porém, as leis da mecânica quântica estão envolvidas e a partícula quântica ou partícula subatómica pode estar numa situação probabilística de sobreposição coerente: pode ser 0, 1 e pode ser 0 e 1 ao mesmo tempo em dois estados matematicamente ortogonais.

Isto permite a realização de várias operações ao mesmo tempo, dependendo do número de qubits. Mas qual é o número de desistências? É o número de bits quânticos que pode estar em sobreposição - são tantos! Com os bits convencionais, se tivéssemos um registo de três bits, havia oito valores possíveis e o registo só podia tomar um desses valores. Em contraste, se tivermos um vector de três quites, a partícula pode tomar muitos valores diferentes (oito neste exemplo) de uma só vez, graças à sobreposição quântica. Assim, um vector de três desistências permitiria, neste caso, um total de oito operações paralelas. Assim, o número de operações é exponencial, o que significa que a informação é processada exponencialmente, ou seja, mais rapidamente do que no caso da mecânica do computador digital ou do computador clássico.

Em números seria: Um computador quântico de 70 qubits seria equivalente a um processador convencional de 22 teraflops ou um pouco mais de 21 milhões de operações por segundo, e a ideia é construir um computador com 100 milhões de milhões de operações por segundo e só hoje em dia os computadores clássicos que sabemos funcionar na ordem dos gigaflops, ou seja, em milhares de milhões de operações num segundo. O que queremos descrever ou salientar em tudo isto é que o leitor deve ter em conta a diferença de velocidade de processamento de dados entre um computador actual e um computador quântico e essa é uma das razões científicas pelas quais a informática desempenharia um papel muito importante na teleportação quântica futura. No entanto .... tudo em quantum não é cor-de-rosa!!! E claro que há muitos inconvenientes dado o princípio da decoerência e da incerteza, se formos para o infinitamente pequeno, então vamos para o imensurável e também perdemos o carácter unitário na função da onda, que é o equivalente da solução da equação fundamental de quantum, a equação de Schrodinger, e isto leva à perda do tempo de relaxamento das directrizes do algoritmo quântico a ser concebido.

Em modelos de algoritmos quânticos, que não analisaremos aqui uma vez que existem vários em ensaios e devemos ter resultados futuros e precisos para podermos dar uma avaliação de alguns deles. Diremos, então, que actualmente foram propostos modelos com um desenho capaz de manipular um número bastante grande de qubits para resolver problemas na computação quântica, e este é um problema de manipular bem a exigente linearidade matemática dos operadores na teoria quântica.

Para além da não violação do princípio da incerteza e da aplicação do enredamento quântico sob a forma de cordas para simular bem a linha óptica e a isto junta-se a manipulação da sobreposição quântica na concepção e instalação de portões ou a capacidade de um portão estar em vários estados ao mesmo tempo.

É interessante salientar a ideia de introduzir a Supersymmetry Quantum ou a Supersymmetry da Mecânica Quântica como exemplos, a fim de resolver pequenos problemas para potenciais de curto alcance fortes com o seu companheiro super simétrico e uma função de onda pré-especificada, para descrever o comportamento de partículas como certos modelos de quark, analisados na Universidade de Cornell, e de facto chamam-lhe potencial de Cornell para certos modelos de quark ..referência: **Jesús Galindez; tese de doutoramento**

Resumo **sobre o Hardware Quantum Computer Hardware**:

O problema de qual hardware é o mais adequado em geral para a computação quântica ainda não foi resolvido, uma vez que existe uma competição científica tecnológica e uma corrida ordenada para a construção e concepção de algoritmos. Ver Referências, No entanto, foram definidas várias condições que devem ser cumpridas porque a base fundamental da construção é ou são os princípios ou fundamentos da física quântica. No entanto, e existem actualmente várias propostas e, portanto, vários candidatos.

As condições a satisfazer nos desenhos vão além da tecnologia quântica, dada a competitividade e embora existam passos claros e definidos a seguir. Um dos passos a ter em conta e que é o que mais varia de acordo com o produtor é no desenho de antenas que seleccionam ou radares para controlar o ruído e/ou a temperatura ambiente que não perturbam o funcionamento das portas que compõem os algoritmos e protocolos que estes sistemas requerem para uma execução normal dos sistemas instalados. Isto também muda dependendo do desenho dos portões.

Não pretendemos falar aqui sobre como são concebidos ou construídos, mas sobre a importância dos computadores quânticos e porquê e como se afirma que uma boa simulação do funcionamento do cérebro seria feita com computação quântica e não com computação clássica ou actual.

Comentários sobre o software informático Quantum:

Vários protocolos devem ser tidos em conta na concepção e instalação de programas quânticos: Tomar o paralelismo quântico bem interpretado a fim de evitar a perda de informação quando o colapso da função de onda chega ou ocorre.

Um conjunto diferenciado entre os portões em relação ao número de qubits para os quais é normal introduzir códigos para a detecção e correcção de erros; assim como os códigos instalados no hardware para a detecção e controlo do ruído e temperatura do software, os códigos seriam instalados nos programas ou algoritmos que não seriam apenas para a leitura mas também para a transmissão, ou seja, ouço, ouço, transformo e expresso. Já existem pelo menos três algoritmos quânticos que se baseiam numa margem de erro conhecida nas operações básicas e funcionam reduzindo a margem de erro para níveis exponencialmente pequenos, comparáveis ao nível de erro das máquinas actuais. Ver referência.

Modelos actuais e problemas propostos:

Existem pelo menos quatro modelos quânticos de computador e foram testados na resolução de pelo menos cinco problemas. Além disso, foi demonstrado que um computador quântico pode executar diferentes algoritmos quânticos ao mesmo tempo, e se um único computador quântico com o seu algoritmo é milhões de vezes mais rápido que um computador normal ou clássico no processamento de dados ou cálculos, então como seria com vários algoritmos ao mesmo tempo? Incrível!

Mas .... Porquê um computador quântico?

Nos problemas propostos e enfrentados pelos cientistas que desenvolvem este desafio de construir o computador quântico, já podemos induzir ou deduzir a importância magnânima que seria o desenho final deste cálculo quântico.

Não é tarefa deste trabalho descrever soluções para os problemas que já foram colocados, nem iremos descrever algoritmos quânticos testados até agora; contudo, em 2007 quando escrevemos um livro sobre física quântica em acção e a velocidade com que o pensamento é produzido (**livro marcado como um dos 40 livros mais recomendados para 2020**) falámos sobre a necessidade de descrever de alguma forma uma Rede Neural Biológica ou Rede Neural Natural RNN, numa simulação com a Rede Neural Artificial; mas como tínhamos descrito e proposto, era impossível porque para isso é necessário implementar a rede Neuro quântica ou computação quântica cuja implementação está no início.ou seja, o desenho do computador quântico está no início.

Contudo, poderíamos agora falar sobre os avanços na computação quântica ou redes neuroquânticas, uma vez que estão a ser dados os passos certos para os explicar, ver referência. Além disso, se acreditamos que o computador quântico e os seus algoritmos quânticos, ou seja, a computação quântica com redes neuroquânticas nos aproximaria do conhecimento do processo quântico do cérebro humano, do conhecimento e da luta contra o cancro, da realização da prevenção e tratamento da doença de Alzheimer e Parkinson entre outras tarefas neurocientíficas... devemos considerar a aplicação experimental dos postulados, leis, teoremas, princípios e matemática apropriada que tratamos em física quântica para a construção e concepção de computadores quânticos.

Poderia a ciência quântica explicar a origem da consciência? Estamos a analisar isto e a fazer algumas relações ou comparações dos nossos resultados e pontos de vista, com simulações a resultados e análises dadas por outros autores e investigadores sobre o assunto e iremos apresentá-lo num próximo livro. galindez@ula.ve - shivatri@hotmail.com-ricardoali@gmail.com

Mas porquê a Teleportação Quantum...?

Por agora, concentramo-nos apenas em descrever com declarações e alguns exemplos de investigação feita por investigadores, exemplos com resultados publicados por estes e outros autores e tradutores, que já mostram a transformação que será trazida à prática ao pôr em prática os fundamentos e princípios da física quântica. Não iremos descrever os métodos e técnicas laboratoriais destes cientistas, pois não é essa a estratégia deste trabalho. **Ver definição dos termos utilizados.**

Assim, vemos que basicamente a teoria da **Teleportação Quântica se baseia** na utilização do princípio do enredamento quântico e do princípio da sobreposição, entre outros, a ser aplicado em diferentes casos, a fim de transportar informação básica e fundamental das propriedades e características subatómicas das partículas, átomos, moléculas ou substâncias sem ter de separar toda a substância e deixando também parte da propriedade fundamental desta interligada através do método e procedimento adequados de acordo com o tipo de experiência.

No teletransporte quântico, a distância de separação é um parâmetro que desempenha um papel essencial na estratégia a alcançar, que na realidade é mover propriedades de um lado para o outro e não mover substância, o que se faz é descodificar a substância e transportar apenas estados quânticos das partículas que formam o objecto e depois mover partículas subatómicas, tais como electrões ou outras partículas quânticas, causando uma alteração na substância, Esta alteração é importante porque ao mover os estados quânticos para trás e para a frente e ao tê-los separados, acontece que quando perturbamos qualquer uma das partículas subatómicas ou perturbamos qualquer estado quântico, então o estado ou a parte da memória que removemos sente a perturbação ou vice-versa.

Entanglement é um princípio em que novos estados quânticos, formados ou formados pela "união" de dois ou mais estados.... de dois ou mais objectos devem ser descritos por um novo estado único, ou seja, tomamos com estados experimentais apropriados que representam as propriedades das características subatómicas de cada objecto e os unimos, deixando esta união com uma nova estrutura característica subatómica que representará todos os estados do sistema.

O novo sistema já não podia ser visto como estados individuais ou como partículas individuais, mas como um sistema representado matematicamente por uma função de onda que é uma mistura de todas as funções de onda - por isso a teleportação quântica de um lado para o outro só é feita para as propriedades atómicas que caracterizam a nova substância e chama-se teleportação quântica porque o que se move são electrões, fotões (partículas quânticas) ah! ...mas apenas aos electrões (fermiões), prótons e fotões (quantum claro) que são partes que caracterizam as amostras manipuladas ou tratadas, pois são estas partículas quânticas que possuem **a memória** para serem teleportadas quantum.

Capítulo 3 Quantum em Biomedicina e Arte.

Quantum em Engenharia Electromédica. A Relação de Ouro

As ciências cobrem um espectro ou campo mais vasto quando conhecemos diferentes disciplinas, o que é evidente porque nos permite compreender e experimentar as possíveis ligações entre diferentes áreas de conhecimento, razão pela qual iremos rever a importância da estreita relação entre o mundo subatómico e a Tecnologia e a Arte.

Na busca contínua da razão pela qual o mundo na sua totalidade absoluta ou talvez relativa, é ou foi criado matematicamente com uma simetria quase perfeita e condicionado numericamente ao número ou proporção de ouro, assim chamado o número Phi 1,61803398849894848 decimais infinitos, foram construídas numerosas teorias; todas aceitáveis mas não únicas; não únicas no sentido definitivo porque se assim fosse, a verdade única da criação da vida inicial seria conhecida com absoluta certeza!

Ideias sobre a existência de um corpo, espírito e alma.

Crenças: Filosofia, Religião, Ciência... Porque é que tudo o que é criado está relacionado com o número dourado, como podemos justificar ou demonstrar a existência de algo sem apelar aos dogmas... é Matemática porque há demonstrações mas não a origem ou proveniência destas relações.

Para muitos, o tempo é uma ilusão produzida pelo movimento da terra em torno do seu próprio eixo e o seu movimento em relação ao sol. Para outros, o tempo é simplesmente uma observação do nosso ponto de vista integral. Alguns sustentam que o tempo representa a eternidade, e durante alguns, o tempo simplesmente não existe.

Certas correntes de pensamento sustentam que se para além do nosso corpo físico, que é construído a partir das chamadas partículas quânticas electrões, fotões, neutrões para formar átomos, aminoácidos, proteínas, moléculas, células, órgãos biológicos, reacções químicas e corpos que têm fracções de electrões-volt entre as partículas subatómicas e que por isso são considerados pouco estáveis, outro corpo físico (corpos etéricos para uns - corpo de luz para outros) existiria, consistindo apenas em elementos subatómicos, formados entre outros pelos chamados quarks com enormes energias da ordem de milhões de electrões volts e considerados menos instáveis, ou seja, muito mais estáveis do que este corpo físico real; Mesmo assim, para alguns o dilema de o aceitar como tal persistiria, devido ao facto de não ser visível mesmo com a mais sofisticada óptica moderna, e de não poder ser medido, tocado, pesado ou facilmente verificado; embora para a Altman isto pudesse ser verificado por certos sistemas matemáticos apoiados pelo chamado Código I Ching juntamente com o código genético.

Este último foi explicado, por alguns ou muitos autores apoiados por uma variedade de exemplos, para tentar encontrar algum ponto de convergência entre ciência (óptica moderna) e religião de tal forma que descrevem ou identificam a alma, corpo e espírito, interpretando-os sob uma concepção tridimensional do espaço físico real e/ou. Com a aceitação e introdução de um criador ou guia definido num espaço físico real, tridimensional... aceite por muitos e rejeitado por muitos outros... Inusitado, não é? Mas está relacionada com o pensamento Einsteiniano quando fazemos uma analogia e a analisamos no contexto da equação E: mc(2)

Todas estas interpretações têm sido baseadas na identificação ou comparação da alma com a energia, do espírito com a chamada eternidade do tempo e do corpo com a massa; mas há quem mantenha a ideia de que isto pode ser pouco claro ou talvez errado, uma vez que o tempo é aqui definido associando-o a uma certa quantidade fundamental subtilmente ajustada pela ciência.

A relação entre a alma e o espírito também tem sido interpretada de tal forma que poderíamos encontrar sérias contradições entre eles. Assim, segundo Altman, há interpretações matemáticas do espírito que apontam para ele como uma onda de oscilação com uma fase à frente de outra que representaria o corpo, ou seja, que corpo e espírito não estariam unidos num único ser e isto estaria ligado à interpretação filosófica do pensamento para existir, o que parece errado porque se pensarmos que temos um cérebro e por isso existimos.. mas podemos afirmar que primeiro a ideia é produzida e depois a acção é executada.

Para várias correntes do pensamento filosófico esta interpretação consiste em relacionar ou representar o corpo com uma onda à frente de outra onda que representaria ou identificaria o espírito, assim, esta interpretação está relacionada com o ponto de vista filosófico: Existo, portanto, penso, de modo que para a ideia ser produzida a acção deve ter sido produzida de tal modo que as reacções reflexivas que têm origem no atributo físico levam ao pensamento e são controladas pelo consciente e isto também aceita a ideia interpretativa de que corpo e espírito não estariam unidos num só ser, ao contrário da corrente de pensamento que associa espírito e alma com a capacidade de pensar ou como a força da criatividade que permite uma certa liberdade de acção para ser capaz de realizar combinações de elementos já existentes.

Assim, estas interpretações contendo vários pontos filosóficos ou aspectos filosóficos permitem-nos ver algumas semelhanças e convergências na forma mas não na substância com certas interpretações religiosas, uma vez que parecem coincidir com a ideia da existência de um corpo, espírito e alma em correlação com um mandato supremo intangível de alma pura sem corpo e, além disso, num contexto fora ou não necessariamente num espaço físico tridimensional real, mas em mais de três dimensões; dimensões intangíveis. Para os crentes ou pensadores analíticos, as duas oscilações vão num encontro, ou seja, estão continuamente activas. Mas há quem dê uma interpretação numérica do criador como ponto central, tendo em conta que o início dos números positivos e negativos começa de zero e também os eixos de coordenadas que definem o verdadeiro espaço físico começam de zero, ou seja, de zero tudo começa e em zero tudo converge, concordando com a corrente de pensamento que aceita a ideia de que do criador tudo vem e nele tudo acaba. Mas outros pensadores sustentam que esta teoria tem a sua contrapartida inaceitável quando se trata de representar o criador por meio do zero por várias razões: em primeiro lugar, não é aceite por aqueles que sustentam ou argumentam que o zero fora da matemática representa o nada e argumentam que o nada não teria qualquer sentido real de existência.

Assumem ainda que ninguém poderia pensar no nada e que o nada não existe mesmo como um vácuo operacional, que existe algo como um vácuo quântico, que também não é partilhado por aqueles que aceitam Deus como o infinito. Esta última ideia é rejeitada pelos maiores mestres e discípulos avançados da meditação, para quem o nada é alcançável. De acordo com as escrituras da antiguidade ou pensadores da chamada antiguidade, foi dito que uma vez que o vácuo não existe, a natureza o abomina; mas pode ser definido sem perda de generalidade como relatividade e a teoria quântica definem um vácuo operacional, como o vácuo da relatividade onde as propriedades mais relevantes da teoria de

Einstein estão relacionadas com a interacção do campo gravitacional, com a geometria do espaço e com o tempo; ou como a teoria quântica que não aceita superfícies totalmente planas, nem curvas de um todo mas trajectórias curvas.

Alguns argumentam que se a estrutura matemática das leis que regem as teorias do universo fosse comprovadamente invariante face às crescentes dimensões espaciais..., então o criador, tal como afirmado pelos Platonistas como eterno no tempo, poderia existir num espaço com um número infinito de dimensões espaciais e é por isso que muitos tomam a existência de muitas dimensões como real^ para muitos isto seria impossível dado o problema da dimensionalidade.

O problema do interessante de analisar a dimensionalidade não é actual porque tem sido perturbador desde a chamada antiguidade a tal ponto que, geometricamente, seria impossível ter no mundo real e tangível mais de três dimensões espaciais para poder descrever a natureza real e outros apoiaram isto com exemplos como o facto de não poderem existir mais de três linhas espaciais que convergem ou partem do mesmo ponto e formam planos perpendiculares mas correlacionados entre si; Por outro lado, para mais de três dimensões espaciais poderia haver problemas porque a força gravitacional teria de ser definida em mais de três dimensões, depois entre dois corpos diminuiria no que respeita à separação dos corpos mais rapidamente do que em três dimensões, Além disso, as leis de Kepler teriam de ser redefinidas a fim de analisar as órbitas dos planetas à volta do sol, quer fossem ou não instáveis se houvesse uma perturbação na terra mais forte do que a produzida pela atracção gravitacional entre os planetas, porque não saberíamos se uma órbita resultaria em que o movimento da terra à volta do sol não fosse aquele que conhecemos até agora. .

Em quase todos estes exemplos são apresentados de uma forma muito simples e sem perda de generalidade e com as particularidades de não apresentar equações ou demonstrações de teoremas, ou seja, sem utilizar fórmulas físicas ou equações matemáticas, apenas faremos uso de postulados e princípios que nos permitam explicar porquê e como o facto de termos algum conhecimento da física moderna (relatividade geral e física quântica) influencia directa ou indirectamente quando ensinamos ou damos ensino noutras disciplinas.

Existem, até ao momento, quatro forças, as chamadas forças originais. Estas quatro forças são a força nuclear forte, a força nuclear fraca, a força electromagnética e a força gravitacional. Destas quatro forças derivam as outras quatro, ou seja, estas forças estão por sua vez divididas em muitas outras, de acordo com o fenómeno em questão ou com a situação física, química ou biológica que representam. Se tomarmos ou considerarmos o facto espiritual como um acontecimento ou fenómeno de grande importância real e sustentável, então devemos perguntar-nos: Onde está a força que representa a energia espiritual, podemos falar de um mundo ou da criação de um mundo sem ter em conta a força espiritual; claro, sem tabus, sem dogmas, podemos, sem violar as leis fundamentais do universo material desde o finito ao intangível, acreditar que sim, porque se não, então estaríamos a negar a criação divina!

A preocupação magnânima da vida científica surge na procura de uma teoria única para explicar estas forças com uma única teoria, ou seja, para descrever todas estas forças de uma forma unificada. Embora três destas, isto é, as duas forças nucleares e electromagnéticas, sejam explicadas pela teoria quântica ou teoria das cordas, até agora foram feitos grandes esforços por físicos matemáticos e outros cientistas através da chamada teoria das supercordas e outras teorias, mas ainda não foi definida uma teoria única, pelo que este importante assunto ainda se encontra numa fase muito precoce.

Porquê a física quântica nestes casos?

O que tem a relatividade geral a ver com línguas, com ciências sociais, com hidrologia, com o número dourado ou com música ou com engenharia, com computação ou com astronomia ou aeronáutica? Ou agricultura, economia ou flora e fauna? Bem, para responder directamente a estas questões, devemos dizer como a ciência quântica está directa ou indirectamente relacionada com estes ramos do conhecimento.

Muitos estudantes de Humanidades, Direito e Ciências Sociais, Medicina ou Arquitectura e Arte já perguntaram inúmeras vezes porque tenho de tomar ou ler sobre Matemática, Química, História, Física, Sociologia, Psicologia ou Informática? É quase o mesmo que perguntar: porque é que comemos uma variedade de alimentos para nos alimentarmos, o que é que responderia?

É interessante notar que para dominar ou compreender no seu âmbito magnânimo as gamas de aplicações das leis que regem o mundo macroscópico é importante saber onde e como elas são explicadas ou onde os componentes microscópicos que formam o equipamento ou os componentes microscópicos ou subatómicos que originam ou levam a formular ou rever cada vez, cada uma das leis microscópicas que influenciam directamente o estudo e fabrico dos componentes microscópicos para fazer funcionar todos os componentes que, quando montados, levam às grandes máquinas macroscópicas tais como Computadores, Equipamentos Médicos Electrónicos, em Aeronaves, em Comunicações Electromagnéticas, Ressonadores Nucleares, Satélites.

Instrumentos Ópticos, em Ressonadores Magnéticos e outros.

Todas estas máquinas e outras têm os seus "cérebros" construídos com Engenharia, Tecnologia ou Nanotecnologia baseados em grande parte nos princípios, leis e experiências à escala subatómica, ou seja, leis, princípios e postulados que formam a base da teoria quântica.

Até hoje, é a aplicação experimental teórica quântica que nos permite conhecer e conceber o que poderíamos chamar o coração e o hipotálamo de todas estas macromáquinas e desenvolver a tecnologia que é maioritariamente conhecida como macro tecnologia ou Engenharia; e conhecer parte desta produção, em qualquer área do conhecimento humano ou do comportamento humano, e permitir-nos-á transmitir o nosso ensino de uma forma mais segura, fácil e elegante, de modo a fazer com que os nossos discípulos sintam uma segurança e entusiasmo mais interessantes.

O desenvolvimento da física quântica com o seu aparelho matemático levou à produção de uma enorme e importante mudança em todos os ramos do conhecimento humano e dado que a própria física quântica tem um desenvolvimento infinito devido às constantes mudanças nas leis que governam o comportamento da energia que compõe ou forma o mundo ou micro mundo que, por sua vez, constitui o mundo macro em que vivemos, Assim, os ramos do conhecimento humano estarão a mudar ao mesmo ritmo que a nanociência está a descobrir novas fronteiras. Para alguns, a nanociência, que se refere à investigação científica sobre a física das nanopartículas, descobre novas fronteiras porque é exigida pelo aparecimento de novos fenómenos ou problemas que não são facilmente solúveis no momento. **Porque é que as leis da ciência mudam?** Porque o conhecimento científico está a mudar e exige a implementação de novas técnicas e com ele novas equações e a criação de novos equipamentos e máquinas que devem explicar os novos fenómenos que estão a surgir, dando assim origem a novas técnicas macroscópicas que vão desde a nanotecnologia à macrotecnologia.

Sabemos, como vários autores já fizeram, que as leis que regem o comportamento e as mudanças na tecnologia, desde a nano- ou microtecnologia à macrotecnologia, passando pela arte, ciência, electromedicina, agro-indústria e seus aliados, o estudo do cosmos e todos os outros ramos do conhecimento, o estudo da produção ou processos de todas estas mudanças, desde a mais pequena semente à maior máquina. Vamos dar alguns exemplos de relações interessantes entre ciência subatómica e tecnologia:

A determinação da condutividade e temperatura e outras grandezas físicas envolve a aplicação de conhecimentos da teoria do estado sólido quântico. A fim de adaptar os sólidos quânticos à construção de equipamentos em micro ou nanotecnologia, é necessário conhecer a gama de funcionamento das suas quantidades físicas. Apresentamos alguns casos de uma forma simples:

Caso da computação clássica: Na concepção do cérebro dos computadores para armazenamento, capacidade e velocidade de funcionamento requer o estudo dos materiais ou componentes e isto requer um estudo da física da matéria, uma vez que os microchips são feitos cada vez mais pequenos, e quanto menores forem, maior será a velocidade de processamento do chip. No entanto, não podemos fazer fichas infinitamente pequenas. Há um limite a partir do qual deixam de funcionar correctamente. Quando a escala do gabarito é atingida, os electrões escapam dos canais pelos quais supostamente devem circular. Este efeito quântico é conhecido como o Efeito Túnel.

Em Redes Neurais Artificiais: As redes neurais artificiais são programas informáticos que imitam o comportamento de células nervosas ou neurónios interligados. Vemos que na construção de microchips de computador, onde o processamento informático destas redes é processado, para que possam servir como armazenamento ou memória, é necessário que o material seja submetido aos processos de mecânica dos sólidos quânticos, chamados por alguns com o nome de sólidos quânticos, de modo a melhorar o reconhecimento em tempo real na actualização de trabalho simultâneo em paralelo ou a não ser aplicado em tópicos como o cérebro, a técnica, a ciência agrícola e a bibliometria, estes chips especiais variam de acordo com a disciplina.

Em equipamento para instrumentação eléctrica e electrónica e em técnicas electro-médicas Na construção do núcleo central de recepção de sinais e memória do Ressonador Magnético Nuclear - os Electros-Centrifugadores - o Bisturi. No núcleo central de quase todos os dispositivos electromédicos, é necessário um tratamento sofisticado com disciplinas nano-técnicas ou nano-científicas para o seu fabrico e é bem conhecido que o estudo das nanopartículas vai além da escala de Planck, ou seja, a escala quântica. Em Estudos e desenhos de Satélites e Aeronáutica: Na concepção, construção e adaptação de receptores de sinais electromagnéticos e acústicos, em amplificadores de sinal onde é necessário um nano estudo para a construção dos componentes que formariam o coração e o cérebro do circuito electromagnético que rege a aplicação destas técnicas. Também em engenharia de sinal e imagem: *Em arte *Em astronomia e outros.

Em geral, ao construir uma máquina ou qualquer dispositivo que sirva como ferramenta a ser aplicada em qualquer técnica de conhecimento, estes são construídos de acordo com a necessidade de utilização mas seguindo ou adaptando-se a equações que relacionam as variáveis a estudar ou analisar, por exemplo, num aparelho de ressonância magnética é necessário conhecer a variação da susceptibilidade magnética em relação ao controlo da temperatura, que por sua vez está relacionada com as características dos elementos químicos de que vai ser construído, ou seja, os elementos químicos que participariam ou dos quais este aparelho faz parte.

Por exemplo, os diagramas gerados como curvas ou linhas ou círculos, etc., têm origem nos resultados das equações através de dados recebidos e através de interfaces que ligam o equipamento de laboratório com os componentes informáticos a partir dos quais estes dados são processados e finalmente geram os resultados numéricos esperados, estes resultados são depois grafados, como electroencefalogramas, e todo este movimento requer manipulações que vão desde a nano-tecnologia até à habitual microtecnologia. No caso da concepção ou construção de interfaces, existem grupos de cientistas técnicos e estudantes ligados entre si através da partilha da mesma disciplina de investigação. São então as fórmulas físicas ou leis biofísicas ou químicas expressas através de equações matemáticas que nos mostram as dependências entre variáveis tais como pressão arterial, densidade sanguínea, tensão ou elasticidade de uma membrana celular, supercondutividade, constante dieléctrica e qualquer variável a estudar. Relação entre quantum e a Razão de Ouro?

É pertinente dizer que como o número dourado está relacionado com quase tudo criado, então o quantum não escaparia a estar relacionado com este número. É uma relação matemática que provém do mesmo facto da relação geométrica da própria natureza entre si ou entre tudo o que está em conformidade com o existente e que se manifesta de acordo com o caso ou fenómeno a analisar Vamos citar alguns deles e, consequentemente, vamos descrever a sua dependência numérica: Golden Ratio in Music. Pode parecer-lhe estranho que envolvamos a bela arte da música, tanto os seus instrumentos como a voz musical, com a física quântica. A voz musical e a mecânica quântica estão associadas à teoria das ondas e às cordas vocais e a voz tem uma composição quântica.

Isto significa que a música, para os ouvidos humanos, chega e progride sob a forma de ondas ou pacotes de energia chamados quanta, ou seja, com base em saltos completos (saltos quânticos), sem posições intermédias entre um salto quântico e o seguinte, mesmo que o comprimento de onda da corda possa variar, encurtando micron por micron ou não. O comprimento de onda de cada onda e a sua energia estão correlacionados através da sua frequência.

É por isso que podemos dizer que as notas avançam por quanta, uma vez que entre duas notas primárias existem apenas notas semi-notas, ornamentos, etc. Mesmo se incluirmos ou tomarmos em consideração as 7 notas fundamentais e as 5 seminotas.

Assim, poderíamos estar enganados ao pensar que a arte tem limites e estes não foram deduzidos utilizando a expressão analítica da teoria quântica, ou seja, não são obtidos ou deduzidos utilizando o aparelho matemático da teoria quântica, mas tendo implicitamente em conta as alterações introduzidas pela natureza necessária e mutável induzida pela modernização da ciência.

A frequência das sete notas musicais que compõem as escalas incluindo os agudos, ou semitons, ou como lhes chamamos habitualmente, estes também têm uma relação numérica igual ao valor do número dourado e a pauta musical é onde desenhamos, uma vez que foi escolhida para descrever acordes entre outros que formam a bela linguagem dos músicos, a enorme relação entre a música e o número dourado que começa quando se demonstra que as frequências destas notas têm uma relação numérica de acordo com o número dourado, dado que a pauta musical construída com base no pentágono que contém dez triângulos Isosceles cuja construção geométrica demonstra matematicamente, ou seja, numericamente tem uma relação. Físicos e matemáticos de alguns institutos de investigação observaram que quando algumas das partículas subatómicas oscilam entre a antimatéria e a matéria com uma frequência até mais de dois triliões de vezes por segundo e isto permitiu-lhes converter a frequência resultante em notas de acordo com as notas musicais. Analisam o polígono pentagonal regular porque o comprimento do seu apogeu e o seu diâmetro têm uma proporção dourada, sendo o pentágono a única formação geométrica onde isto é verdade.

Demonstrações semelhantes foram feitas ao medir e comparar os diâmetros da traqueia em relação aos brônquios, a relação por ordem decrescente das frequências das 5 ondas cerebrais fundamentais, bem como a relação entre a frequência da onda incidente e a frequência do receptor em relação ao ouvido e a frequência do aparelho fonatório.

Todos eles têm uma proporção de ouro. Recordamos que a relação do número dourado e/ou da série Fibonacci com tudo o que é criado ou existente na natureza, e com respeito ao corpo humano, dando especial ênfase à proporção dourada em alusão à face do ser humano - às plantas, ao sistema planetário, e a tudo o que está ao alcance do universo.

Todos estes resultados experimentais e teóricos mostram-nos que a cubanização da matéria juntamente com os postulados e princípios da física quântica mostram a importância da física quântica e a necessidade de um conhecimento mínimo ajudaria a compreender de uma forma interessante os princípios de outras áreas do conhecimento.

Adademas: Agrupamento estável requerido ou necessário para manter uma estrutura material ou espiritual. Agrupamento organizado de partes de um todo. **Átomo:** Os constituintes das moléculas e são constituídos por electrões, prótons e neutrões. Auto-energias: Os valores das energias de interacção das partículas quânticas e representam o espectro dado pela solução da equação de Schrödinger. **Função da onda quântica:** Solução da equação fundamental da mecânica quântica. É o análogo clássico à solução da equação de Newton, ou seja, a posição clássica das partículas. Contém toda a informação sobre a probabilidade de ocorrência de um evento. É o que liga a nossa mente ao mundo físico. **Mecânica quântica:** fundamentos matemáticos e analíticos da física quântica. **Acetylcholine:** neurotransmissor no cérebro que ajuda a regular a memória, e no sistema nervoso periférico que controla os movimentos esqueléticos e musculares suaves. **Ácido gama-amino butírico** (GABA): Um transmissor de aminoácidos cerebrais cuja função principal é impedir a activação de neurónios.

. Agonista:. Neurotransmissor, uma droga ou outra molécula que estimula os receptores a produzir uma reacção desejada. **Axon:** fibra nervosa que transmite o sinal deixando o corpo neuronal ou extensão em forma de fibra de um neurónio pelo qual a célula envia informação para as "células-alvo". **Bóson:** um dos dois tipos básicos de partículas elementares na natureza; o outro tipo é o férmion. O nome "boson" foi dado em honra do físico indiano Satyendra Nath Bose. **Quantum: O** estudo das energias produzidas pelas interacções sub-atómicas. **Célula:** Unidade estrutural e funcional básica de vida que consiste em matéria viva rodeada por uma membrana. **Colapso de uma medição quântica:** Quando medimos uma quantidade de um sistema, este colapsa no estado em que estamos a medir Colapso da função de onda... **Colina.** Neurotransmissor necessário para o armazenamento de memória e controlo muscular. **Consciência**: Um sentimento interior que rege as acções provenientes da sincronização do equilíbrio dinâmico dos processos neurocerebral, envolvendo mecanismos neurofisiológicos e potenciais quânticos que provocam interacções, tais como sinapses. **Consolidação da memória**: As mudanças físicas e psicológicas que ocorrem quando o cérebro organiza e reestrutura a informação para uma integração permanente na memória. **Conservação da carga**: Em qualquer processo, a carga eléctrica é conservada... **Dendrite:** extensão em forma de árvore do corpo celular do neurónio. Juntamente com o corpo celular, recebe informação de outros neurónios. **Densidade sináptica**; refere-se ao número de sinapses associadas a um neurónio. Pensa-se que um maior número de sinapses por neurónio indica uma maior capacidade de representação e adaptação **Dopamina: Um** neurotransmissor de catecolamina que é conhecido por ter múltiplas funções dependendo do local onde actua **Intervalo de memória**: A quantidade de informação que pode ser perfeitamente recordada num teste de memória imediato. **Electrão:** partícula elementar fundamental, que tem a sua própria carga eléctrica. **Electroencefalograma.** EEG. Medição da actividade eléctrica do cérebro por meio de eléctrodos. TMS. **Estimulação magnética transcraniana.** TMS. Um procedimento em que a actividade eléctrica do cérebro é influenciada por um campo magnético pulsado. **Endorfinas:** Neurotransmissores produzidos no cérebro que geram efeitos celulares com comportamento semelhante ao da morfina **Spin: Spin refere-se** a uma propriedade física das partículas subatómicas, em que cada partícula elementar tem um impulso angular intrínseco de valor fixo. É uma propriedade intrínseca da partícula, como massa ou carga eléctrica. Em 1920, os químicos analíticos concluíram que para descrever os electrões no átomo, para além dos números quânticos, era necessário um quarto conceito, o chamado spin de electrões. **Estímulo: Um** evento ambiental capaz de ser detectado por receptores sensoriais. **Excitação: Uma** mudança no estado eléctrico das hormonas que está associada a uma maior probabilidade de potencialidade de acção. **Férmion:** Um dos dois tipos básicos de partículas quânticas que existem na natureza (o outro tipo são os bósons). Os fetos são caracterizados por spin semi-inteiro (1/2,3/2...); existem dois tipos fundamentais de fetos, Quarks e Leptons. No modelo padrão da física das partículas, os férmions são considerados como os constituintes básicos da matéria, interagindo uns com os outros através dos Bósons de calibre. **Física quântica:** O ramo da física que nos permite estudar as interacções entre as partículas quânticas. **Física Moderna:** Esta é composta por física quântica e física relativista. **Fonão:** é um modo de vibração quasiparticular ou quantizado que ocorre em estruturas cristalinas como a malha atómica de um sólido em estado sólido físico, é aceite como a unidade quântica de energias vibracionais, análoga à unidade quântica de energia luminosa chamada fotão. **Fóton:** Energia primária. Partícula de radiação electromagnética. Responsável pela manifestação quântica da energia. É o portador de todas as formas de radiação electromagnética, incluindo raios gama, raios X, luz ultravioleta, luz visível, luz infravermelha, micro-ondas e ondas de rádio. Tem zero massa invariante, e viaja no vácuo com uma velocidade constante c. Como todos os quanta, o fotão exibe propriedades corpuscular e ondulatória ("dualidade onda-partícula"). Comporta-se como uma onda em fenómenos como a refracção que ocorre numa lente, ou no cancelamento da interferência destrutiva das ondas reflectidas, mas comporta-se como uma partícula quando interage com a matéria para transferir uma quantidade fixa de energia. **Força:** A medida qualitativa e quantitativa da interacção da matéria e das ondas. **Glândula pineal:** órgão endócrino encontrado no cérebro. Em alguns animais, parece servir como um relógio biológico de base ligeira. **Glândula pituitária**: órgão endócrino intimamente ligado ao hipotálamo. Nos humanos, consiste em dois lóbulos e segrega uma série de hormonas que regulam a actividade de outros órgãos endócrinos do corpo. **Glia:**. Células especializadas que nutrem e alimentam os neurónios. **Glutamato:**. Neurotransmissor de aminoácidos que excita os neurónios. **Gonad:**. Glândula sexual primária. Os testículos nos machos e os ovários nas fêmeas. Grapheme:... **Gluões::** Partícula fundamental ou quântica que se comporta como um bóson portador de interacção. São eles que ligam os quarks dentro dos núcleos. Gluões: pertencem às fortes forças nucleares. As cordas de glúon é o que mantém os quarks juntos. **Quantum Hamiltonian**: operador matemático, a soma do potencial e das energias cinéticas. **Hemisfério cerebral:**. Cada uma das duas partes do cérebro, classificadas como "esquerda" e "direita", são as duas metades especializadas do cérebro. O hemisfério esquerdo regula a fala, a escrita, a linguagem e o cálculo; o hemisfério direito regula as capacidades espaciais, o reconhecimento visual da face e certos aspectos da percepção e produção musical. **Hipocampo:** em forma de cavalo marinho, localizado no cérebro e considerado uma parte importante do sistema límbico. Está envolvido na aprendizagem, na memória e nas emoções. Esta parte do cérebro é também importante no processamento e armazenamento da memória a longo prazo. **Hypothalamus:**. Estrutura complexa do cérebro composta por muitos núcleos com diferentes funções tais como regulação das actividades dos órgãos internos, controlo da informação do sistema nervoso autonómico e controlo da hipófise. **Hormona estimulante do folículo:**. Uma hormona libertada pela glândula pituitária que estimula a produção de esperma e o crescimento do folículo produtor de óvulos na fêmea. **Hormonas:** Mensageiros químicos segregados pelas glândulas endócrinas. **Imagem de ressonância magnética funcional**. FMRI. Quando um scanner de imagem por ressonância magnética é utilizado para observar indirectamente a actividade nervosa através de alterações químicas no sangue tais como o nível de oxigénio e investiga o aumento da actividade em áreas do cérebro associadas a vários tipos de estímulos e actividades mentais **Imagem funcional**: Representa uma série de técnicas de medição destinadas a extrair informação quantitativa sobre a função fisiológica. **Imagens mentais**. Representações internas que consistem em informação visual e espacial. **Imagens de Ressonância Magnética**. RESSONÂNCIA MAGNÉTICA. Uma técnica não invasiva utilizada para criar imagens de estruturas dentro do cérebro humano vivo através da combinação de um forte campo magnético e impulsos de radiofrequência. **Iões:** átomos ou moléculas carregadas electricamente. **Memória imediata: Uma** fase de memória que tem uma duração extremamente curta, armazenando informação durante alguns segundos. Mente **humana**: a memorização consciente dos acontecimentos. **Nervo:** feixe ou fibra de axónios ou dendritos que transmite impulsos ou sinais. Neurotransmissores: mensageiro químico utilizado pelos neurónios para transmitir impulsos nervosos de um lado de uma sinapse para o outro **nervo auditivo.** Conjunto de fibras nervosas que se estendem desde a cóclea do ouvido até ao cérebro. Contém dois ramos: o nervo coclear, que transmite informação sonora, e o nervo vestibular, que transmite informação relacionada com o equilíbrio. Orelha cerebral. **Neurociência cognitiva**. O estudo e desenvolvimento da investigação sobre a mente e o cérebro com o objectivo de investigar as bases psicológicas, computacionais e neurocientíficas da cognição. Neurogénese. O nascimento de novas células no cérebro, incluindo os neurónios. **Neurónio**. Célula nervosa. É especializada na transmissão de informação e caracteriza-se por projecções fibrosas longas denominadas axónios e, mais brevemente, projecções de tipo ramo denominadas dendritos. Pilar básico do sistema nervoso; uma célula especializada na integração e transmissão de informação. **Neurónio motor**. Um neurónio que transporta informação desde o sistema nervoso central até ao músculo. **Neurotransmissor**. Um químico libertado por neurónios numa sinapse com o objectivo de transmitir informação através de receptores. NIRS. Espectroscopia perto de InfraRed. **Pensamento**: Formação e transmissão coordenada, estruturada e harmonizada de ideias resultantes de um evento ou eventos **Plasticidade**. Também chamada "plasticidade cerebral". O fenómeno de como o cérebro muda e aprende... **Potencial**: Define e impulsiona a interacção energética de corpos, partículas e ondas Potenciação a longo prazo (LTP). O aumento da sensibilidade neuronal devido a estímulos anteriores. **Potencial de acção**. Ocorre quando um neurónio é activado e inverte temporariamente o estado eléctrico da sua membrana interna de negativo para positivo. Esta carga eléctrica viaja ao longo do axónio até ao terminal do neurónio, onde desencadeia ou inibe a libertação de um neurotransmissor e depois desaparece. Um potencial de acção é uma série de mudanças súbitas no potencial eléctrico através da membrana de plasma do axónio neuronal. **Potencial sináptico**: De interacção entre um neurónio e outro. Potencial sináptico quântico: O potencial produzido por cada quanta transmissor e é de tamanho fixo **Potencial de repouso**: Potencial de membrana de um neurónio em que nenhum potencial de acção está a actuar. **Potencial. Probabilidade quântica**: Neste caso é utilizada a função de onda da mecânica quântica e a formulação matemática que se integra em todo o espaço circundante. **Princípio de Pauli**: Dois electrões não podem estar no mesmo lugar ao mesmo tempo. **Quarks**: Partícula fundamental que forma protões e neutrões... **Rede Neural Artificial ANN**: Programas de computador que imitam o comportamento dos Neurónios. **Sinopse**: Espaço energético entre células; ou entre partes de uma mesma célula. **Sobreposição quântica**:

Também chamado princípio da sobreposição de estados quânticos; consiste no facto de um átomo poder adoptar um estado de 0 e 1, mas também pode adoptar ambos os estados ao mesmo tempo, para que os computadores quânticos tenham a certeza de testar, ao mesmo tempo, todas as possibilidades que existem para a solução concreta de um problema, em vez de testar todas as possibilidades, uma após a outra, como é actualmente feito nos computadores clássicos. Matematicamente, seria dizer que cada quantidade corresponde a um vector próprio de um operador linear e a combinação linear de dois ou mais vectores próprios dá origem à sobreposição quântica de dois ou mais valores da quantidade; um exemplo é quando as partículas quânticas se comportam como ondas e interferem umas com as outras quando as atravessamos através de fendas, quer aumentando ou anulando-se umas às outras produzindo bandas escuras ou brilhantes; isto é interferência quântica de partículas é o resultado da passagem de cada partícula por mais do que uma fenda.

Teleportação quântica, TTC: envolve a teleportação de propriedades microscópicas que vão desde partículas subatómicas a propriedades moleculares de bactérias e outros microrganismos. Tem sido descrita como a possibilidade de transmitir qubits sem enviar o qubit inteiro; de tal forma que um receptor e um transmissor têm qubits que foram primeiro entrelaçados por qualquer dos métodos indicados, de modo a que os qubits sejam teleportados do transmissor para o receptor e, como já foram entrelaçados, mudam o seu estado original devido à interacção inicial, mas esta informação é utilizada no qubit do receptor, o que no final resulta numa combinação que é uma réplica do qubit inicial. **Teoria quântica:** A base sobre a qual se baseia a física quântica. **O vírus** (do latim vírus, em grego ió^ "toxina" ou "veneno") é um agente infeccioso celular microscópico que só se pode reproduzir dentro das células de outros organismos, são formados por genes que contêm ácidos que formam moléculas de ADN ou RNA, cobertos por proteínas. Actuam infectando qualquer célula para sintetizar os nucleótidos e aminoácidos do vírus.

Referências recomendadas.

Eccles, J., (1992). La evolución del cerebro: creación de la conciencia, Barcelona, Labor Editorial.

Eccles, J. (1996). Os eventos mentais provocam a sondagem mental de forma análoga. Campo da mecânica quântica? ,Proc.R.Soc.B1,227,411-28.

Zohar Dana (1990). Consciência Quântica. Barcelona, Espanha.

Penrose R.(1995). The Emperor's New Mind Barcelona, Espanha.

Grijalbo, Mondadori, Penrose, R. (1996). Para uma compreensão científica da consciência, Barcelona-Espanha.

Drakontos. Penrose R. (1999). The Big, the Small and the Human Mind, Madrid, Cambridge University Press.

Galindez, J., La Física Cuántica y el Sistema Neuronal, ISBN 98011-10-13-9. Venezuela.

Pastor j, Mecánica Cuántica y Cerebro: Una revisión crítica, Rev. de Neurología.35,1;87-94(2002) Espanha.

Galindez, Jesus, Calvo, F. e Gadea, F.(2002). Journal of Computer and Physics Communications ISBN 0010-4655. Doutoramento do Pesquisador-Universite Paul Sabatier-França.

Casacuberta, David (2001). A Mente Humana. Editorial Océano, S.A. Barcelona, Espanha.

Galindez Z. Daniela, Malavé Matilde, Galindez J. (2012), La Física

Cuántica y la Salud, EAE, ISBN978-3-659-05725-0.

Calvo, F., Galindez, J e Gadea, F.X., Journal Physics Chemistry 107,31(2003).

Ales, J. (2002) Un origen cuántico del universo, Revista Universo Viviente, Argentina. Schaposnik, F. (1989) Are Superstrings Dead? Ciencia Hoy-Revistación de Divulgación Científica. V1, N° 1, Argentina.

Galindez J. (2013) Mathematics of the Human Brain, EAA, ISBN 978-3-659-08152.

S.A.Guitten, Bogdanov, I., e Bogdanov (1991). Dieu et la Science, Editions Grasset & Fasquelle. França.

Mnatak Chia e Maneewan C.(1995) Nei kung de la medula o sea. Editorial Sirio, S.A., Panaderos, 9, 29005, Málaga,
ISBN:84-7808-161-5, Deposito legal B-5.361-19995.

Calvo F., Galindez, J. e Gadea, F.X. (2003), Internal Conversion Energy in Photo Fragmentation, Physical Chemical and Chemistry Physics, 5,321.

Hiria Ott (2002). Médecine Chinoise, Dictionnaire de Larousse, 21 rue de Montparnasse 75006, Paris. Baggaley Ann, (2002). O Corpo Humano, Editorial Grijalbo.

Dorling Kidersley Limited, London Random House Publishing Group. S.J.Mabjeesh, J. Galindez, O.Kroll e A.Arieli,(2000) Journal of Science vol.83.

Malavé Matilde, Galindez J., Galindez Z.Daniela (2016) Fundamentación Científica de la Sanación Cuántica, AEA ISBN 9786663973370-8. E.C. Behrman, J.E. Steck, P. Kumar, K.A. Walsh (2008) Quantum Algorithmic

Design Using dynamic learning, Quantum Information and Computation, vol. 8, No. 1&2.

Ventura, T. Martinez (1999) A quantum associative memory based on Grover's algorithm, Proceedings of the International Conference on Artificial Neural Networks and Genetics Algorithms. Manuel Erhard (2019).

Teleportação Quântica Multidimensional. Tongcang Li, da Universidade Purdue em West Lafayette, Indiana, EUA, e Zhang-qi Yin, da Universidade Tsinghua em Pequim, China, Experimentação de sobreposição quântica, enredamento quântico e teletransporte quântico interno de um microorganismo num oscilador electromecânico (2019).

H. Neven et al. (2008)Training a Binary Classifier with the Quantum Adiabatic Algorithm, arXiv:0811.0416v1.H. Stapp: (2009)

Mind Matter and Quantum Mechanics, Springer, Heidelberg's. Kak, (2014) Observabilidade e computabilidade em Física, Quantum Matter. M. Schuld, I. Sinayskiy, F. Petruccione, (2014) Simulação de um perceptron num computador quântico ArXiv: 1412.3635.

M. Perus, (2000) Neural Networks as quantum associative memory, Neural Network World 10 (6), 1001.

Yi-Han Luo Physical Review Letters (2019) Markus Arndt e equipa da Universidade de Viena (2019).